前言

本教材是河南职业技术学院环境艺术工程系园林工程技术专业获中央财政支持的“‘园林工程技术’专业提升专业服务产业能力建设”项目和“河南省高等教育教学改革研究项目——园林工程卓越技术人才培养研究与实践”之建设成果的部分内容。该教材融合项目组全体人员研究精髓，秉持鲜明的“工程实践——大工程意识”的园林专业人才培养的特色，集全系相关专业力量，实现了园林工程设计、施工、花卉、工程造价、工程管理等多专业知识、技能的融合，学生通过前期专业基础课、专业课学习，具备园林专业“工程实践”能力的基础上，为学生增加“大工程意识”和培养专业综合能力，教材的使用可实现理论知识渗入工程项目、工程项目融入岗位要求、岗位要求确定专业技能、专业技能训练培养专业人才的目标。为高职学生树立“精本行、跨专业、多技能、宽就业”的专业培养新理念，真正实现高职专业毕业生的零距离就业和高质量生存。

本书在编写时突出“工学结合”的指导思想，结合园林专业改革要求，按照园林专业工程造价岗位实际工作内容，以工程实用理论知识、常用工程单体（单项）计算、综合项目（工程建设项目）计算、工程量清单、报价书编制为载体进行课程设置；强化课程与职业充分结合，在课程内容、实训项目安排上紧密结合工作岗位、工作任务和职业能力要求，融合相关职业资格证书考试的基本技能考核，重点培养该专业学生职业素养、岗位工作能力、遵循国家规范、使用正规计价方法、进行项目建设过程管理的高素质、高能力，充分体现了高职学生首次就业靠技能、高质量就业靠综合能力的本质，为学生竞岗就业、持续发展打下基础。

本教材的主要特点

1. 知识的先进性：本教材采用2012年颁布、2013年7月实施的国家标准（清单计价规范、工程量计算规范）编写，从而保证了教材知识体系的行业先进性；

2. 内容的合理性：精心整合理论和技能，不做过多的展开讲解，注重将工程计价、造价管理的知识紧扣园林专业岗位需求进行，内容详略得当；

3. 效果的实践性：全书注重理论知识与工作岗位的结合，做到理论与技能的充分融合、同步培养，实现“理论围绕技能、实践培养技能、效果体现技能”；

4. 能力的递进性：教材精心安排实训项目内容，统筹安排实践能力培养，通过各单项的工程项目练习，到最后的综合工程项目真实、全过程训练，逐步培养学生的工作能力、工程技能和大工程意识；

5. 编写的实用性：结合高职教育的培养要求，打破学科体系的完整性，提高工程造价与园林工程的融合度，采用项目教学模式编写，方便教材的使用者采用“学—练”一体的学习手段。

本书可作为大中专、高职高专院校园林工程技术专业的专用教材，也可作为成人教育及专业技术人员的参考资料。

本书第一、第二篇及附录三由河南职业技术学院李倩编写；第三、第五篇及附录一、附录二由河南职业技术学院樊松丽编写；第四篇由河南科技学院园艺园林学院李梅编写。全书由樊松丽统稿，李倩主编，郑州市政设计院赵正胤主审。

本书在编写过程中参阅了大量的国内教材和园林行业职业资格考试的资料，并得到了行业、企业专家的鼎力支持，在此对有关作者一并表示感谢。限于编者水平有限，书中不足之处，敬请读者批评指正。

2013年7月

目录

第一篇
工程计价基础知识

学习情境1 工程造价的内涵及组成

学习目标：（1）“大工程意识”的建立；

（2）掌握工程造价的内涵。

学习重点：（1）工程造价的构成；

（2）建设工程的含义。

学习难点：建安工程费用与工程造价的区别。

学习单元1 工程造价的概念

一、建设工程的含义

建设工程是指为人类生活、生产提供物质技术基础的各类建筑物和工程设施的统称。

建设工程是人类有组织、有目的、大规模的经济活动，是固定资产再生产过程中形成综合生产能力或发挥工程效益的工程项目。建设工程是指建造新的或改造原有的固定资产。

建设工程按照自然属性可分为建筑工程、土木工程和机电工程三类。

按照专业可分为：房屋建筑与装饰工程、仿古建筑工程、交通工程、水利水电工程、市政工程、园林绿化工程、农业工程、林业工程、建材工程等。

常见专业工程见图1-1～图1-6。

图1-1 土方工程

图1-2 建筑工程

图1-3 装饰工程

图1-4 园林工程

图1-5 道桥工程

图1-6 隧道工程

二、工程造价概念

在市场经济条件下，建设工程造价具有两种含义：

宏观上，即从投资者或业主的角度上，建设工程造价是指有计划地建设某项工程，预期开支或实际开支的全部固定资产投资和流动资产投资的费用总和。

微观上，即从承包商、供应商、设计市场供给主体的角度上，建设工程造价是指为建设某项工程，预期或实际在土地市场、设备市场、技术劳务市场、承办市场等交易活动中，形成的工程承发包（交易）价格。

三、建设工程造价概念

建设工程是建造房屋建筑、市政、园林等工程产品的生产过程，包括房屋建筑与装饰工程、市政工程、园林绿化工程等。

一般情况下，建设工程项目中所说的工程造价是指该项目的建设安装工程造价，亦称建设工程产品价格。它是建设工程产品价值的货币表现，即项目的建安工程费用。

学习单元2 工程造价的构成

按照建设部、财政部“建标【2013】44号文件《关于印发〈建筑安装工程费用项目组成〉的通知》”规定，建筑安装工程费按照费用构成要素组成划分，由人工费、材料费、施工机具使用费、企业管理费、利润、规费和税金组成，其中人工费、材料费、施工机具使用费、企业管理费和利润包含在分部分项工程费、措施项目费、其他项目费中，详见图1–7。

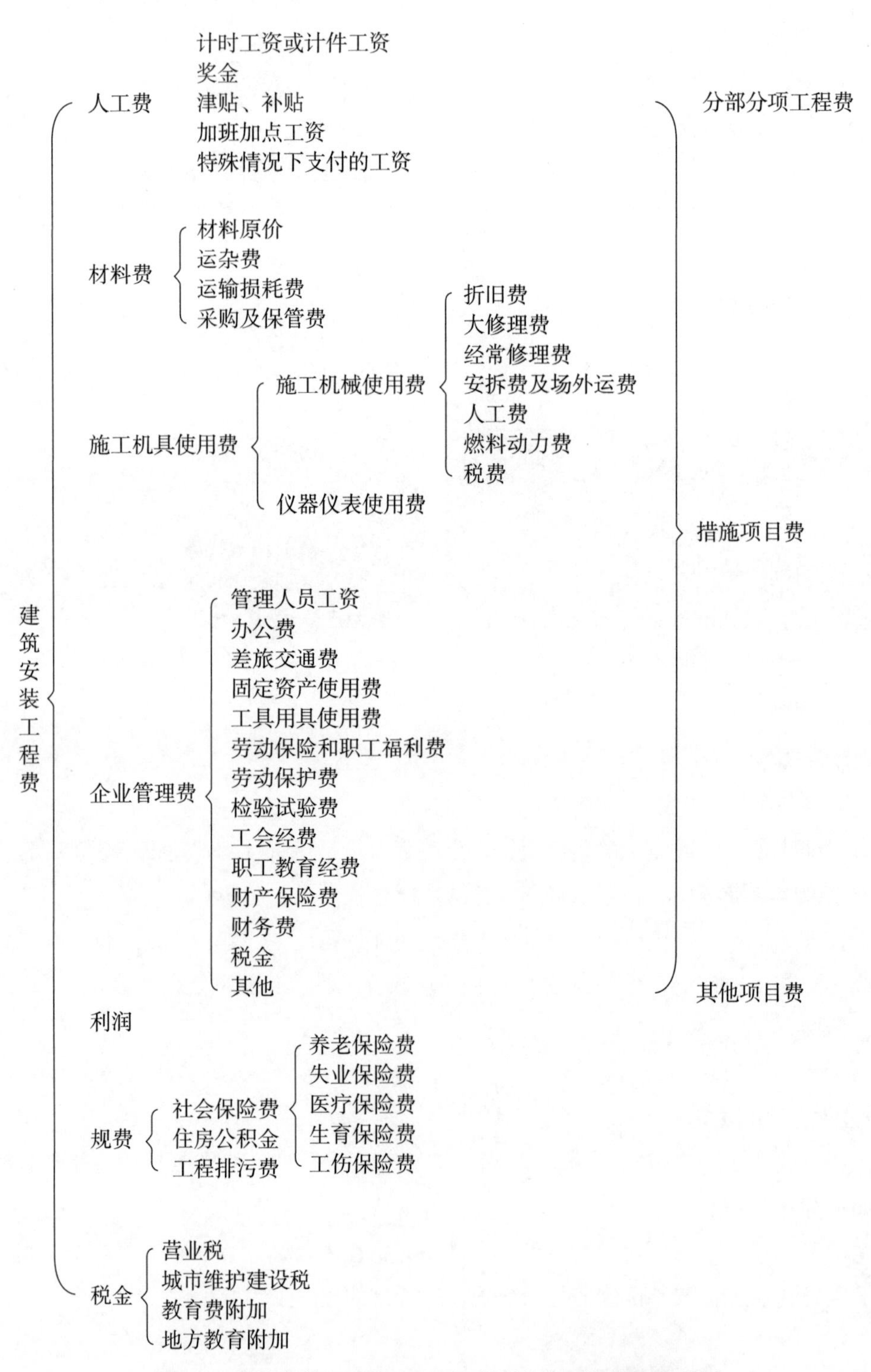

图1–7　建筑安装工程费用项目组成（按费用构成要素划分）

学后训练

一、基础训练

1．何谓建设工程?

2．建设工程分为几类？分别是什么?

3．建筑安装工程包括哪些工程?

4．建筑安装工程费用项目由哪些组成?

二、专业拓展

1．写出你日常生活中接触最多的专业工程名称，并举例，如：水立方建筑工程等。

2．你对中国园林工程有哪些了解？写出你知道的园林工程名称。

三、推荐专业领域

1．专业网

（1）中国园林网 http://news.yuanlin.com/index.htm

（2）中国风景园林网 http://www.chla.com.cn/

（3）中国园林招投标网 http://www.ztb.yuanlin.com/

（4）中国建设工程造价信息网 http://www.cecn.gov.cn/index.asp

2．专业学习网

（1）园林学习网 http://www.ylstudy.com/

（2）园林土木在线 http://yl.co188.com/

3．专业求职网

中国园林英才网 http://www.yuanlinyc.com/

4．专业重要刊物

（1）《中国园林》

（2）《中国园艺文摘》

学习情境2 建设工程计价模式

学习目标：（1）熟悉建设工程计价定额的类型；

（2）掌握工程造价计价基本方法。

学习重点：（1）工程造价计价基本方法；

（2）工程计价模式。

学习难点：基本子项的单位价格构成形式。

学习单元1 建设工程计价定额

工程建设是物质资料的生产活动，要消耗大量的人力、物力和资金，其价格的计算必须具备能够反映工程建设与生产消费间的客观规律的基础资料，这种基础资料表现为工程计价的基本依据。

工程计价的依据是指用于计算工程造价的基础资料的总称，是进行工程造价科学管理的基础。工程计价的依据主要包括建设工程定额、工程造价指数和工程造价资料等，本节仅介绍工程计价的核心依据——建设工程定额。

一、定额的概念

定额就是一种规定的额度，或称数据标准。工程建设定额就是在工程施工过程中，为完成某项工程或某项结构构件，所需消耗的人力、物力和财力的数量标准，它反映了在一定社会生产力水平的条件下，建设工程施工的管理和技术水平。

建设工程定额是指在正常的施工条件和合理劳动组织、合理使用材料及机械的条件下，完成单位合格产品所必须消耗资源的数量标准，其中的资源主要包括在建设生产工程中所投入的人工、材料、机械和资金等生产要素，它反映出了工程建设投入与产出的关系。

建设工程定额一般不仅仅规定了资源要素的数量标准，还规定了具体的工作内容、质量标准和安全要求。

二、工程建设定额的分类

（一）按定额反映的生产要素消耗内容分类

1．劳动定额

劳动定额规定了在正常施工条件下、某级别工人或工作小组生产单位合格产品所消耗的劳动时间；或在单位时间内生产单位合格产品的数量标准。劳动定额有时间定额和产量定额两种形式。

劳动定额是由国家主管部门或施工企业编制的，主要供企业内部管理使用，是施工企业下达施工任务单、核算企业内部用工数的重要依据。

2．材料消耗定额

材料消耗定额是指在正常施工和节约合理使用材料条件下，生产单位合格产品所消耗的一定品种、规格的原材料、半成品、成品或燃料等资源的数量。

材料消耗定额是由国家主管部门或施工企业编制的，主要供企业内部管理使用，是施工企业下达施工限额领料单、核算企业内部用料数量的重要依据。

3．机械台班消耗定额

机械台班消耗定额是指在正常施工条件下，利用某种施工机械，生产单位合格产品所必须消耗的机械工作时间；或在单位时间内机械完成合格产品的数量标准。机械台班消耗定额同样有时间定额和产量定额两种形式。

机械台班消耗定额是由国家主管部门或施工企业编制的，主要供企业内部管理使用，是施工企业下达施工机械工作单、核算企业内部用机数量的重要依据。

劳动定额、材料消耗定额和机械台班消耗定额均为计量性定额，是组成任何使用定额消耗内容的基础，是三大基础定额，亦是编制施工定额和预算定额的基础。

（二）按定额的不同用途分类

1．施工定额

施工定额是指在正常施工组织条件下，施工班组或个人完成分项工程所消耗人工、材料、机械台班的数量标准。

施工定额也是一种计量性定额，它以同一性质的施工工程为研究对象，由三大基础定额组成。它是企业强化内部管理、控制施工成本、工程招投标阶段进行投标报价的使用定额，是施工阶段签发施工任务书、限额领料单的依据，也是编制施工预算的主要依据。

2．预算定额

预算定额是指在合理的劳动组织和正常的施工条件下，为完成单位合格工程建设产品所需人工、材料、机械消耗的数量标准。

预算定额是一种计价性定额，它是以施工定额为基础的综合扩大，是社会生产力（劳动）水平的平均体现。在建设项目施工图设计或招投标阶段使用、以预先计算的数值来规定建设项目的工程造价，是确定和控制施工图预算、编制投标报价、招标控制价的主要依据。

3．概算定额

概算定额是在编制建设项目扩大初步设计概算时计算和确定扩大分项工程的人工、材料、机械台班消耗用量（或货币量）的数量标准。

概算定额是一种计价性定额，它是预算定额的综合扩大，是社会生产力（劳动）水平的平均体现。主要用在建设项目初步设计阶段进行设计方案技术经济比较，或施工图设计阶段以概括确定项目的投资数额，是编制设计概算的主要依据。

4．概算指标

概算指标是在建设项目初步设计阶段使用，以大概计算的数值来优选设计方案和控制建设投资的一种定额。

概算指标是一种计价性定额，它以整个建筑物或构筑物为对象，以“m^2”、“m^3”或“座”等为计量单位规定人工、材料、机械台班消耗用量（或货币量）的数量标准，是概算定额的综合扩大，是编制设计概算的基础。

5．投资估算指标

投资估算指标是在建设项目决策阶段使用，以估算确定项目的投资数额的一种定额。

投资估算指标是一种计价性定额，一般以独立的单项工程或完整的工程建设项目为对象，是以预算定额、概算定额为基础的综合扩大，是编制投资估算、进行投资预测、投资控制、投资效益分析的重要依据。

（三）按定额的编制单位和使用范围分类

1．全国统一定额

全国统一定额是由国家建设行政主管部门根据全国各专业工程的生产技术与组织管理情况编制颁布的、在全国范围内执行的定额。如《仿古建筑及园林工程预算定额》、《全国统一市政工程预算定额》等。

2．地区统一定额

地区统一定额是由各省、直辖市、自治区建设行政主管部门根据本地区情况编制颁布的、在其管辖的行政区域内执行的定额。如《河南省建设工程工程量清单综合单价（E 园林绿化工程）》。

3．行业统一定额

行业统一定额是由各行业行政主管部门根据本行业情况编制颁布的、只在本行业和相同专业性质范围内使用的定额。

这种定额一般具有较强的专业性质，如交通部颁发的《公路工程预算定额》、水利部颁发的《水利工程预算定额》等。

4．企业定额

企业定额是根据本企业的施工技术和管理水平，以及有关工程造价资料制定的，仅限本企业内部使用的定额，是企业从事生产经营活动、提高管理水平和市场竞争能力的重要依据。

5．补充定额

补充定额是指当现有定额项目不能满足生产需要时，根据实际情况编制的、一次性使用的定额。补充定额必须报当地造价管理部门批准或备案后方可使用。

学习单元2　工程造价计价基本方法

工程造价计价的方法有多种，具体计算时各具特点，但它们的基本过程和原理是相同的。

一、工程造价计价的影响因素

从工程费用计算角度分析，工程造价计价由小到大的顺序是：分部分项工程单价—单位工程造价—单项工程造价—建设项目总造价。可见，影响工程造价的因素主要有两个：单位价格和实物工程数量，即

$$\sum_{i=1}^{n}（工程量\times 单位价格）=工程造价$$

式中：i——第i个基本子项

n——工程结构分解得到的基本子项的数目

基本子项的单位价格高，工程造价就高；基本子项的实物工程数量大，工程造价就越高。

二、基本子项的单位价格

基本子项的单位价格分析一般采用以下两种方法。

1．直接工程费单价

分部分项工程单价仅由人工、材料、机械资源要素的消耗量和价格形成，即单位价格=Σ（分部分项工程的资源要素消耗量×资源要素的价格），该单位价格即为直接工程费单价。

人工、材料、机械资源要素的消耗量的数据经过长期的搜集、整理和积累形成了工程建设定额，它是工程计价的重要依据，与劳动生产率、社会生产力水平、技术与管理水平密切相关。

资源要素的价格是影响工程造价的关键因素，在市场经济条件下，工程计价时应采用市场价格。

2．综合单价

综合单价有全费用单价和部分费用单价两种。

如果在单位价格中考虑直接工程费以外的其他一切费用，则构成的就是全费用综合单价；如果在单位价格中考虑直接工程费以外的其他某些费用，则构成的就是部分费用单价。

全费用单价包含了建筑工程造价中的全部费用，是国际上较常用的一种清单报价编制方法；部分费用单价是我国目前建筑工程中较常用的清单报价编制方法。

根据我国2013年7月1日起实施的国家标准《建设工程工程量清单计价规范》2.0.8的规定，综合单价指完成一个规定清单项目所需的人工费、材料和工程设备费、施工机具使用费和企业管理费、利润以及一定范围内的风险费用。规费和税金，是在求出单位工程分部分项工程费、措施项目费和其他项目费后再按照有关规定统一计取；最后汇总得出单位工程造价。

学习单元3 工程计价模式

一、定额计价方式

定额计价是指运用《园林工程预算定额》来确定园林工程产品价格的方法。采用该方法计算的工程造价由以下几部分费用组成：

工程造价＝人工费+材料费+施工机具使用费+企业管理费+利润+规费+税金

定额计价方法适用于工程建设的各个阶段，其特点是可按政策调整工程造价，工程竣工结算价与合同价差异较大。工程中表现为先干活，后算账，往往造成工程建设后期双方扯皮现象严重。

采用定额计价方式时，相关专业定额是主要的计价依据。发包人工程计价使用的定额反映的是社会平均生产力水平，而承包人进行工程计价使用的定额反映的是该企业技术与管理水平。这种差异使得工程计价时存在着一定的差别，目前，定额计价方式已经逐步为清单计价方式所取代。

二、清单计价方式

（一）费用构成

清单计价是指运用《建设工程工程量清单计价规范》、《（专业工程）工程量计算规范》及相应综合单价来确定工程价格的方法。采用该方法计算的工程造价由分部分项工程费、措施项目费、其他项目费、规费和税金五部分组成，即：

工程造价＝分部分项工程费+措施项目费+其他项目费+规费+税金

（二）清单计价方式适用范围

清单计价方式适用于工程建设的招投标阶段、施工阶段、竣工阶段等，其特点是一般不可按政策调整工程造价，工程竣工结算价与合同价差异不大，工程中表现为先算账，后干活，工程建设后期基本无扯皮现象。

工程量清单计价是国际通行的竞争性项目招标方式，它将拟建工程全部项目和内容按工程部位性质等列在工程量清单上，作为工程招标文件的组成部分，供投标单位逐项填报单价，通过评标竞争，最终确定合同价。

这种计价方式一方面避免了各投标单位由于项目划分确认的分歧及对设计图纸理解深度的差异而引起工程量的差异，为投标者提供了一个平等竞争的条件；同时也利于中标单位确定后施工合同单价的确定，可有效地进行工程造价的控制。

（三）清单计价方式的特点

从我国工程计价发展来看，定额计价是基础，清单计价是方向。与定额计价相比较，清单计价具有以下一些特点：

（1）清单计价易于结合工程具体情况进行报价，能较好地反映工程的个别成本和实际造价；

（2）清单作为公开招标文件的一部分，可以避免和遏制招标活动中的弄虚作假、暗箱操作、盲目压价和结算无依据等现象；

（3）清单推动我国计价改革，尤其是施工企业通过采用本企业定额进行清单综合单价编制，提高企业的市场竞争能力和生存能力；

（4）清单计价方式可以加强工程实施阶段价款支付和完工阶段工程结算的管理。

学后训练

一、基础训练

1. 什么是定额？
2. 工程建设定额如何分类？
3. 工程计价模式有哪些？它们的区别是什么？
4. 采用定额计价方式，工程造价由哪几部分组成？

5．采用清单计价方式，工程造价由哪几部分组成？

6．清单计价方式的特点有哪些？

二、专业拓展

1．学习《建设工程工程量清单计价规范》条文第2.0.41单价项目和第2.0.42总价项目的内容。

2．结合自己所学专业，寻找一份本专业的工程造价文件，作为本课程的学习范本（以下简称学习范本），为后期该课程的学习做准备。

三、知识链接

单价项目　总价项目　单价合同的计量　总价合同的计量

学习情境3 工程量清单计价规范

学习目标：（1）熟悉工程量清单计价规范和计量规范的组成内容；

（2）掌握工程量清单计价表格的编制方法。

学习重点：（1）工程量清单计价基本概念；

（2）园林工程计量规范主要内容。

学习难点：（1）园林工程量清单计价表格构成；

（2）清单项目特征的描述。

学习单元1　建设工程清单规范

在《建设工程工程量清单计价规范》（GB 50500—2008）基础上，2012年12月，国家相关部委颁布了新的规范，并于2013年7月开始实行（见图1–8、图1–9）。

2013国家标准清单规范总体由《建设工程工程量清单计价规范》和各专业工程工程量计算规范两部分内容组成，共10本；是依据《中华人民共和国建筑法》、《中华人民共和国合同法》、《中华人

图1–8　计价规范（封面）　　图1–9　专业工程工程量计算规范（封面）

民共和国招标投标法》等法律法规，按照我国工程造价管理改革的总体目标，本着国家宏观调控、市场竞争形成价格的原则制定的。

《建设工程工程量清单计价规范》共1本，其组成内容为：总则、术语、一般规定、工程量清单编制、招标控制价、投标报价、合同价款约定、工程计量、合同价款调整、合同价款期中支付、竣工结算与支付、合同解除的价款结算与支付、合同价款争议的解决、工程造价鉴定、工程计价资料与档案和工程计价表格等。其目的主要是规范建设工程造价计价行为，统一建设工程计价文件的编制原则和计价方法。

各专业工程工程计量规范按照专业不同共分为9册，包括《房屋建筑与装饰工程工程量计算规范》、《通用安装工程工程量计算规范》、《市政工程工程量计算规范》、《园林绿化工程工程量计算规范》、《仿古建筑工程工程量计算规范》等，其组成内容为总则、术语、工程计量、工程量清单编制和附录。其目的主要是规范各专业建设工程造价计量行为，统一专业工程工程量计算规则、工程量清单的编制方法。

学习单元2 建设工程工程量清单计价规范

《建设工程工程量清单计价规范》（GB 50500—2013）主要内容有以下几部分。

一、总则

总则共7条，规定了建设工程工程量清单计价规范制定的目的、依据、适用范围、工程量清单计价活动应遵循的基本原则等基本事项。

（一）实施清单计价规范的目的

实施清单计价规范的目的就是为规范施工发承包计价行为，统一建设工程工程量清单的编制和计价方法。不论采用任何计价方式的建设项目，除工程量清单专门性条文规定外，合同价款约定、工程计量与价款支付等均应执行本规范的有关条文。

（二）计价规范的适用范围

计价规范适用于建设工程发承包及实施阶段的计价活动。

工程发承包及实施阶段的计价活动包括：招标工程量清单编制、招标控制价编审、投标价编制与复核、工程合同价款约定、工程计量、合同价款调整、竣工结算与支付、合同解除以及工程计价表格等内容。

（三）工程造价的组成

建设工程发承包及实施阶段的工程造价应由分部分项工程费、措施项目费、其他项目费、规费和税金组成。

（四）应遵循的原则

建设工程施工发承包活动应遵循客观、公正、公平的原则。

二、术语

术语共计52条，对规范特有专业用语给予定义或说明涵义，以尽可能避免规范在实施过程中由于不同理解造成的争议，主要包括以下内容。

（一）清单与项目

1. 工程量清单

载明建设工程分部分项工程项目、措施项目、其他项目的名称和相应数量以及规费、税金项目等内容的明细清单。

2. 招标工程量清单

招标人依据国家标准、招标文件、设计文件以及施工现场实际情况编制的，随招标文件发布供投标报价的工程量清单，包括其说明和表格。

3. 分部分项工程

分部工程是单项或单位工程的组成部分，是按照结构部位、路段长度及施工特点或施工任务将单项或单位工程划分为若干分部的工程。

分项工程是分部工程的组成部分，是按不同施工方法、材料、工序及路段长度等将分部工程划分为若干分项或项目的工程。

4. 措施项目

为完成工程项目施工，发生于工程施工准备和施工过程中的技术、生活、安全、环境保护等方面的项目。

（二）项目标识

1. 项目编码

分部分项工程和措施项目清单名称的阿拉伯数字标识。

2. 项目特征

构成分部分项工程和措施项目自身价值的本质特征。

（三）工程计价

1. 综合单价

完成一个规定清单项目所需的人工费、材料和工程设备费、施工机具使用费和企业管理费、利润以及一定范围内的风险费用。

2. 风险费用

隐含于已标价工程量清单综合单价中，用于化解发承包双方在工程合同中约定内容和范围内的市场价格波动风险的费用。

3. 工程成本

承包人为实施合同工程并达到质量标准，在确保安全施工的前提下，必须消耗或使用的人工、材料、工程设备、施工机械台班及其管理等方面发生的费用和按规定缴纳的规费和税金。

4. 暂列金额

招标人在工程量清单中暂定并包括在合同价款中的一笔款项。用于工程合同签订时尚未确定或者不可预见的所需材料、工程设备、服务的采购，施工中可能发生的工程变更、合同约定调整因素出现时的合同价款调整以及发生的索赔、现场签证确认等的费用。

5. 暂估价

招标人在工程量清单中提供的用于支付必然发生但暂时不能确定价格的材料、工程设备的单价以及专业工程的金额。

6．计日工

在施工过程中，承包人完成发包人提出的工程合同范围以外的零星项目或工作，按合同约定的单价计价的一种方式。

7．总承包服务费

总承包人为配合协调发包人进行的专业工程发包，对发包人自行采购的材料、工程设备等进行保管以及施工现场管理、竣工资料汇总整理等服务所需的费用。

8．安全文明施工费

承包人按照国家法律、法规等规定，在合同履行中为保证安全施工、文明施工，保护现场内外环境等所采用的措施发生的费用。

9．费用

承包人为履行合同所发生或将要发生的所有合理开支，包括管理费和应分摊的其他费用，但不包括利润。

10．利润

承包人完成合同工程获得的盈利。

11．规费

根据国家法律、法规规定，由省级政府或省级有关权利部门规定施工企业必须缴纳的、应计入建筑安装工程造价的费用。

12．税金

国家税法规定的应计入建筑安装工程造价内的营业税、城市维护建设税、教育费附加和地方教育附加。

13．招标控制价

招标人根据国家或省级、行业建设主管部门颁发的有关计价依据和办法，以及拟定的招标文件和招标工程量清单，结合工程具体情况编制的招标工程的最高投标限价。

14．投标价

投标人投标时响应招标文件要求所报出的对已标价工程量清单汇总后标明的总价。

（四）其他术语

成本加酬金合同、索赔、发包人、承包人、造价工程师、工程结算、竣工结算价等。

三、一般规定

包括计价方式、发包人提供材料和工程设备、承包人提供材料和工程设备及计价风险。其中强制性条文如下：

（1）使用国有资金投资的建设工程发承包，必须采用工程量清单计价。

（2）工程量清单应采用综合单价计价。

（3）措施项目中的安全文明施工费必须按国家或省级、行业主管部门的规定计算，不得作为竞争性费用。

（4）规费和税金必须按国家或省级、行业建设主管部门的规定计算，不得作为竞争性费用。

（5）建设工程发承包，必须在招标文件、合同中明确计价中的风险内容及其范围，不得采用无限风险、所有风险或类似语句规定计价中的风险内容及范围。

四、工程量清单编制

共6节19条，强制性条文4条，规定了招标工程量清单编制人及其资格、工程量清单的组成内容、编制依据和各组成内容的编制要求。

（一）一般规定

1. 编制人

招标工程量清单具有专业性强、内容复杂、技术含量高的特点，是工程量清单计价的基础，应作为编制招标控制价、投标报价、计算或调整工程量、索赔等的依据之一。因此，工程量清单应由具有编制能力的招标人或受其委托、具有相应资质的工程造价咨询人编制。

2. 招标工程量清单组成

招标工程量清单应由分部分项工程项目清单、措施项目清单、其他项目清单、规费和税金项目清单组成。

3. 工程量清单编制依据

本规范；国家或省级、行业建设主管部门颁发的计价依据和办法；建设工程设计文件；与建设工程项目有关的标准、规范、技术资料；拟定的招标文件；施工现场情况、工程特点及常规施工方案；其他相关资料。

（二）分部分项工程项目

其强制性条文如下：

（1）分部分项工程项目清单必须载明项目编码、项目名称、项目特征、计量单位和工程量。

（2）分部分项工程项目清单必须根据相关工程现行国家计量规范规定的项目编码、项目名称、项目特征、计量单位和工程量计算规则进行编制。

（三）措施项目

措施项目清单必须根据相关工程现行国家计量规范的规定编制；应根据拟建工程的实际情况列项。

（四）其他项目

其他项目清单应按照下列内容列项：暂列金额、暂估价、计日工及总承包服务费。

（五）规费

规费项目清单应按照下列内容列项：

（1）社会保险费：包括养老保险费、失业保险费、医疗保险费、生育保险费、工伤保险费；

（2）住房公积金；

（3）工程排污费。

（六）税金

税金项目清单应包括下列内容：

（1）营业税；

（2）城市维护建设税；

（3）教育费附加；

（4）地方教育附加。

五、投标报价

（一）一般规定

强制性规定有两条：

（1）投标报价不得低于工程成本。

（2）投标人必须按招标工程量清单填报价格。项目编码、项目名称、项目特征、计量单位、工程量必须与招标工程量清单一致。

（二）编制与复核

（1）综合单价中应包括招标文件中划分的应由投标人承担的风险范围及其费用，招标文件中没有明确的，应提请招标人明确。

（2）分部分项工程和措施项目中的单价项目，应根据招标文件和招标工程量清单项目中的特征描述确定综合单价计算。

（3）其他项目费应按下列规定报价：

① 暂列金额应按招标工程量清单中列出的金额填写；

② 材料、工程设备暂估价应按招标工程量清单中列出的单价计入综合单价；

③ 专业工程暂估价应按招标工程量清单中列出的金额填写；

④ 计日工应按招标工程量清单中列出的项目和数量，自主确定综合单价并计算计日工金额；

⑤ 总承包服务费应根据招标工程量清单中列出的内容和提出的要求自主确定。

（4）投标总价应当与分部分项工程费、措施项目费、其他项目费和规费、税金的合计金额一致。

六、工程计量

（一）一般规定

工程量必须按照相关工程现行国家计量规范规定的工程量计算规则计算。

（二）单价合同的计量

（1）工程量必须以承包人完成合同工程应予计量的工程量确定。

（2）施工中进行工程计量时，当发现招标工程量清单中出现缺项、工程量偏差，或因工程变更引起工程量的增减时，应按承包人在履行合同义务中完成的工程量计算。

（三）总价合同的计量

采用经审定批准的施工图纸及其预算方式发包形成的总价合同，除按照工程变更规定的工程量增减外，总价合同各项目的工程量应为承包人用于结算的最终工程量。

七、工程计价表格（见附录二）

工程计价表宜采用统一格式。工程计价表格的设置应满足工程计价的需要，方便使用。

（一）工程量清单的编制应符合的规定

（1）工程量清单编制使用表格包括：封–1、扉–1、表–08、表–11、表–12（不含表–12–6 ~ 表–12–8）、表–13、表–20、表–21或表–22。

（2）总说明应按下列内容填写：

① 工程概况：建设规模、工程特征、计划工期、施工现场实际情况、自然地理条件、环境保护要求等；

② 工程招标和专业工程发包范围；

③ 工程量清单编制依据；

④ 工程质量、材料、施工等的特殊要求；

⑤ 其他需要说明的问题。

（二）招标控制价、投标报价、竣工结算的编制应符合的规定

1．使用表格

（1）招标控制价使用表格包括：封-2、扉-2、表-01、表-02、表-03、表-04、表-08、表-09、表-11、表-12（不含表-12-6~表-12-8）、表-13、表-20、表-21或表-22。

（2）投标报价使用的表格包括：封-3、扉-3、表-01、表-02、表-03、表-04、表-08、表-09、表-11、表-12（不含表-12-6 ~ 表-12-8）、表-13、表-16、招标文件提供的表-20、表-21或表-22。

（3）竣工结算使用的表格包括：封-4、扉-4、表-01、表-05、表-06、表-07、表-08、表-09、表-10、表-11、表-12、表-13、表-14、表-15、表-16、表-17、表-18、表-19、表-20、表-21或表-22。

2．总说明应填写的内容

（1）工程概况：建设规模、工程特征、计划工期、合同工期、实际工期、施工现场及变化情况、施工组织设计的特点、自然地理条件、环境保护要求等；

（2）编制依据等。

3．投标人应按招标文件的要求，附工程量清单综合单价分析表

学习单元3　园林绿化工程工程量计算规范

一、总则

园林绿化工程计价，应当按本规范规定的工程量计算规则进行工程计量。

二、术语

1．工程量计算

指建设工程项目以工程设计图纸、施工组织设计或施工方案及有关技术经济文件为依据，按照相关工程国家标准的计算规则、计量单位等规定，进行工程数量的计算活动，在工程建设中简称工程计量。

2．园林工程

在一定地域内运用工程及艺术的手段，通过改造地形、建造建筑物、种植花草树木、铺设园路、设置小品和水景等，对园林各个施工要素进行工程处理，使目标园林达到一定的审美要求和艺术氛围，这一工程的实施过程称为园林工程。

3. 绿化工程

树木、花卉、草坪、地被植物等的植物种植工程。

4. 园路

园林中的道路。

5. 园桥

园林内供游人通行的步桥。

三、工程计量

（1）本规范附录中有两个计量单位的，应结合拟建工程项目的实际情况，确定其中一个为计量单位。同一工程项目的计量单位应一致。

（2）工程计量时每一项目汇总的有效位数应遵守下列规定：

① 以“t”为单位，应保留小数点后三位数字，第四位小数四舍五入；

② 以“m”、“m^2”、“m^3”为单位，应保留小数点后两位数字，第三位小数四舍五入；

③ 以“株”、“丛”、“缸”、“套”、“个”、“支”、“只”、“块”、“根”、“座”等为单位，应取整数。

（3）园林绿化工程涉及普通公共建筑物等工程的项目，按现行国家标准《房屋建筑与装饰工程工程量计算规范》的相应项目执行；涉及仿古建筑工程的项目，按现行国家标准《仿古建筑工程工程量计算规范》的相应项目执行；涉及电气、给排水等安装工程的项目，按照现行国家标准《通用安装工程工程量计算规范》的相应项目执行；涉及市政道路、路灯等市政工程的项目，按现行国家标准《市政工程工程量计算规范》的相应项目执行。

四、工程量清单编制

（一）一般规定

编制工程量清单出现附录中未包括的项目，编制人应做补充，并报省级或行业工程造价管理机构备案，省级或行业工程造价管理机构应汇总报住房和城乡建设部标准定额研究所。

（二）分部分项工程

（1）工程量清单应根据附录规定的项目编码、项目名称、项目特征、计量单位和工程量计算规则进行编制。

（2）工程量清单的项目编码，应采用十二位阿拉伯数字表示。1~9位应按附录的规定设置，10~12位应根据拟建工程的工程量清单项目名称和项目特征设置，同一招标工程的项目编码不得有重码。

（3）工程量清单的项目名称应按附录的项目名称结合拟建工程的实际确定。

（4）工程量清单项目特征应按附录中规定的项目特征，结合拟建工程项目的实际予以描述。

（三）措施项目

（1）措施项目中列出了项目编码、项目名称、项目特征、计量单位和工程量计算规则的项目，编制工程量清单时，应按照本规范分部分项工程的规定执行。

（2）措施项目仅列出项目编码、项目名称，未列出项目特征、计量单位和工程量计算规则的项目，编制工程量清单时，应按本规范附录措施项目规定的项目编码、项目名称确定。

学后训练

一、基础训练

1. 2013版国家标准清单规范由哪两部分组成？

2. 什么叫招标工程量清单？什么叫招标控制价？

3. 工程量清单由哪些组成？

4. 投标报价由哪些组成？

5. 分部分项工程、综合单价、项目特征、措施项目的概念分别是什么？

6. 园林绿化工程工程量清单的编制依据是什么？

二、专业拓展

学生根据所寻找的本专业的工程计价文件（学习范本），结合前面所学知识，进行园林专业计价文件的自主学习，要求：

（1）掌握园林工程计价文件的组成；

（2）熟悉园林工程计价专业术语的应用；

（3）了解园林工程计价的基本步骤；

（4）了解园林工程计价书的编制体系。

学习情境4 园林工程造价基础知识

学习目标：（1）了解园林工程项目的划分；

（2）掌握园林工程造价分类；

（3）会编制园林工程造价；

（4）熟悉园林工程造价管理方法。

学习重点：（1）园林工程造价分类；

（2）园林工程造价编制方法。

学习难点： 园林工程量清单计价编制方法。

学习单元1 园林工程项目划分

由于园林工程具有单件性、新颖性和固定性等特征，因此不能以整个园林工程作为计价的具体对象。工程计价时采用逐步分解的方法，将一个内容多、项目较复杂的工程分解成较为简单的、具有统一特征的分部分项工程，通过对各个分部分项工程进行造价计算、汇总，从而形成建设项目的总造价。

一、建设项目

园林工程建设项目是指在一个场地上或数个场地上，按照一个总体设计进行施工的各个工程项目的总和。如一个公园、一个植物园、一个动物园或一个风景区的建设等就是一个园林工程建设项目。

二、单项工程

单项园林工程是指在一个园林工程建设项目中，具有独立的设计文件，可以独立组织施工，竣工后可以独立发挥生产能力或工程效益的园林工程。它是园林工程建设项目的组成部分。一个园林工程建设项目中可以有几个单项园林工程，也可以只有一个单项园林工程，比如一个公园里的码头、水榭、餐厅等。

单项工程也称为工程项目，是具有独立存在意义的一个完整工程，也是一个极为复杂的综合体，它是由许多单位工程所组成。

三、单位工程

单位园林工程是指具有单列的设计文件，可以进行独立施工，但建成后不能单独发挥作用的园林工程。它是单项园林工程的组成部分，如茶室工程中的土建工程、给排水工程、照明工程等。

四、分部工程

分部园林工程是单位工程的组成部分。它一般按工种、工艺、部位及费用性质等因素来划分。2013年国家标准《园林绿化工程工程量计算规范》中，将园林工程的分部工程划分为：

（1）绿化工程；

（2）园路、园桥工程；

（3）园林景观工程。

其中绿化工程的子分部工程又分为绿地整理、栽植花木和绿地喷灌三部分。

五、分项工程

分项园林工程是指分部园林工程中按照不同的施工方法、不同的材料、不同的规格等因素而进一步划分的最基本的园林工程项目。如栽植花木的分项工程为栽植乔木、栽植灌木、铺种草皮等。

分项工程是园林工程的基本构造要素，是园林工程造价编制工作中不可缺少的重要基础。

综上所述，不同的园林工程都可以由若干不同的分项工程组成。实施工程计价时，必须根据施工图的要求，采用以分项工程为对象计算园林工程量和工程造价，再将分项工程造价汇总为单位工程造价的方法，就能较好地解决各部分园林工程的内容不同而又要使其价格水平必须保持一致的矛盾。

园林工程项目划分如图1-10所示。

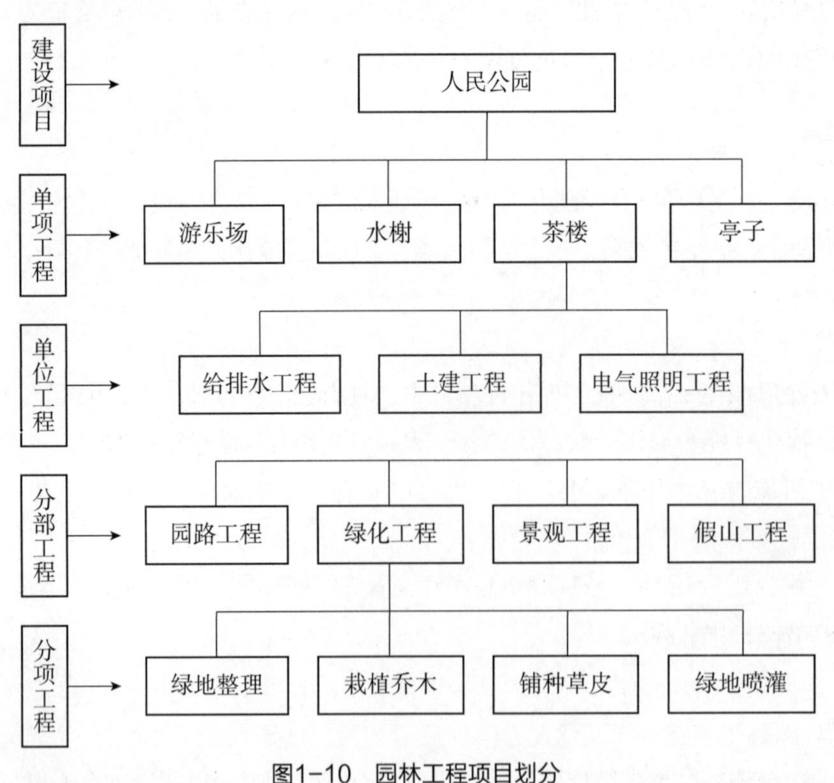

图1-10 园林工程项目划分

学习单元2 园林工程造价组成及分类

一、园林工程概述

园林工程是建设风景园林绿地的工程，泛指住宅区绿化、道路绿化、公园、风景名胜区中涵盖园林建筑工程在内的环境建设工程（见图1-11）。园林绿化是为人们提供一个良好的休息、文化娱乐、亲近大自然、满足人们回归自然愿望的场所，是保护生态环境、改善城市生活环境的重要措施（见图1-12）。园林工程绿化泛指园林城市绿地和风景名胜区中涵盖园林工程建筑在内的环境建设工程，包括园林建筑工程、园林筑山工程、园林理水工程、园林铺地工程、绿化工程等，它是应用工程技术来表现园林艺术，使地面上的工程构筑物和园林景观融为一体。园林工程建设项目具有社会效益、生态效益和经济效益等。

图1-11 古典园林工程

图1-12 园林绿化工程

园林工程的特点：

（1）园林工程工程量大，影响面广，施工周期长，一经形成，改观困难，具有决定园林骨架、景观和造价的作用。

（2）园林工程的投资大，一般占园林绿化工程总投资的50%~70%。

（3）园林工程的建筑材料是无生命的，因此所创造的景观也是始终如一的；园林绿化工程的绿化效果，则是随着时间和季节的变化呈现出初期（幼年期）、中年期（盛年期）、晚期（衰弱期）以及春、夏、秋、冬的季节变化。

（4）园林工程建设需要把艺术性与较强的科学性、技术性结合起来。

二、园林工程造价的组成

园林工程造价是指对园林工程从立项到竣工投产使用的整个过程中所有的投资费用。

广义来讲，园林工程造价与其他建设工程造价相同，由建筑安装工程费、设备及工器具购置费以及工程建设其他费组成。按照建设部、财政部建标【2013】44号文件《关于印发〈建筑安装工程费用项目组成〉的通知》规定，建筑安装工程费按照工程造价形成由分部分项工程费、措施项目费、其他项目费、规费、税金五部分组成，其中，分部分项工程费、措施项目费、其他项目费中包含人工费、材料费、施工机具使用费、企业管理费和利润。

其具体构成由图1-13表示：

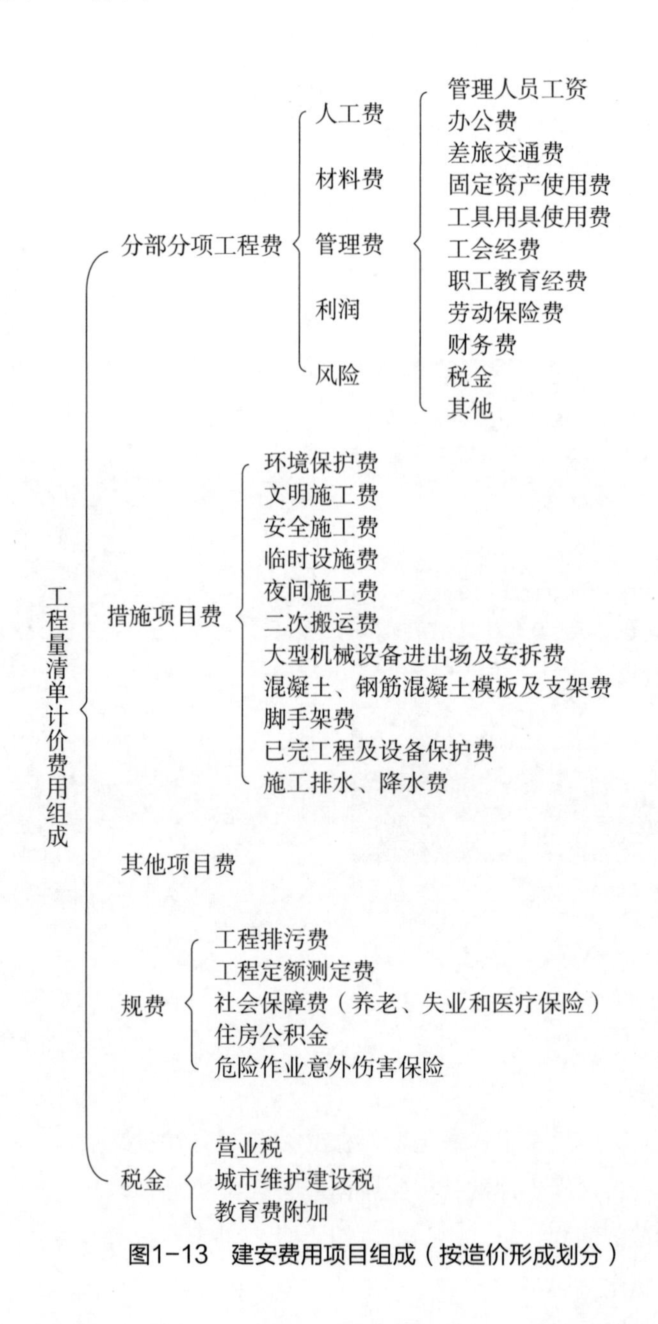

图1-13　建安费用项目组成（按造价形成划分）

三、园林工程造价的分类

根据园林工程不同实施阶段，其造价分类如下：

1．投资估算

在园林工程项目投资决策阶段，对其投资数额进行估计的经济文件。投资估算一般由建设项目主管部门或相应的咨询单位编制。

2. 设计概算

在园林工程初步设计或扩大初步设计（或技术设计）阶段，确定单位工程概算造价的经济文件。设计概算一般由设计单位编制（由建设单位委托）。

3. 施工图预算

园林工程施工图设计阶段和施工招投标阶段，由施工单位（投标报价）或设计单位（标的）编制的确定单位工程造价的经济文件。招投标价格是在工程招投标阶段编制的，招标方编制招标控制价，投标方编制投标报价，中标后合同签订时有工程合同价等。目前，各种工程价格在编制时均采用市场运作方式，即大多有造价咨询机构参与工程成本的计价。

4. 施工预算

在园林工程施工阶段，由施工单位编制，主要用于企业自身内部控制造价的管理性经济文件。

5. 工程结算

在园林工程竣工验收阶段，由施工企业编制的、最终确定园林工程造价的经济文件。

6. 竣工决算

在园林工程竣工验收、交付使用阶段，即建设项目投产后，由建设单位编制的、综合反映竣工项目建设成果和财务情况的经济文件，即：园林工程项目从立项到投产的过程中所发生的所有的费用总和。

学习单元3 园林工程造价编制

采用工程量清单计价，园林工程造价由分部分项工程费、措施项目费、其他项目费、规费和税金组成。按照造价生成程序，对某项园林建设工程，首先应编制其工程量清单，然后针对各个分部分项工程项目进行计价，同时计取措施项目费、其他项目费、规费和税金，最后汇总生成工程造价。

一、工程量清单的编制

工程量清单由招标单位（或其委托的中介机构）编制，并且在招标时作为招标文件的组成部分，提供给各个投标单位。

（一）工程量清单的组成

工程量清单应由分部分项工程项目清单、措施项目清单、其他项目清单、规费项目清单、税金项目清单组成。

（二）工程量清单编制依据

（1）《建设工程工程量清单计价规范》、《园林绿化工程工程量计算规范》；

（2）国家或省级、行业建设主管部门颁发的计价依据和办法；

（3）园林工程施工图；

（4）与园林工程项目有关的标准、规范、技术资料；

（5）招标文件；

（6）施工现场情况、工程特点及常规施工方案；

（7）其他相关资料。

二、园林工程造价计算过程

（一）分部分项工程费

分部分项工程量清单应采用综合单价计价。分部分项工程费由计价工程量与综合单价的乘积所得。

（二）措施项目费

措施项目清单计价应根据拟建工程的施工组织设计，结合规范要求进行项目确认和取舍。应当注意的是，可以计算工程量的措施项目，应按单价措施项目计价；其余的措施项目按总价措施项目计价。

另外，措施项目清单中的安全文明施工费应按照国家或省级、行业建设主管部门的规定计价，不得作为竞争性费用。

（三）其他项目费

（1）暂列金额应根据工程特点，按有关计价规定估算；

（2）暂估价中的材料单价应根据工程造价信息或参照市场价格估算；暂估价中的专业工程金额应分不同专业，按有关计价规定估算；

（3）计日工应根据工程特点和有关计价依据计算；

（4）总承包服务费应根据招标文件列出的内容和要求估算。

（四）规费和税金

规费和税金应按国家或省级、行业建设主管部门的规定计算，不得作为竞争性费用。

学习单元4　园林工程造价管理

一、园林工程造价管理的含义

园林工程造价管理是指：以园林工程项目为研究对象，以工程技术、经济、管理为手段，以效益为目标，对园林工程项目各个阶段的造价进行管理。

二、园林工程造价管理的目标

园林工程造价管理的目标是利用科学管理的方法，合理地确定造价和有力地控制造价，以提高建设单位或园林施工企业的经营效果。因此加强工程造价管理，合理确定和有效控制工程造价，提高投资效益是园林工程造价管理的基本内容。

三、园林施工企业造价管理的主要内容

施工企业工程造价管理是指在企业生产经营过程中，对所消耗的人力、物力资源和费用开支进行监督、调节和控制，及时纠正可能发生的偏差，把各项费用控制在计划范围内，以保证造价目标的实现，并尽可能地将实际造价降至最低。

（1）招投标阶段　项目风险分析及投标报价。

（2）施工准备阶段　劳务、物资、设备招标采购，周转资金筹集，承包合同签订。

（3）施工阶段　项目成本控制、工程变更及索赔、合同管理。

（4）工程结算　运用合同手段、财务手段对工程的完成进行主动控制。

四、施工阶段的园林工程造价管理

园林工程造价管理是施工阶段的重要组成部分，是施工企业在工程合同价格控制下，依法得到合理利润而开展的管理活动，是施工管理的核心，贯穿于施工阶段的各个环节，是全体参建者的共同任务，应树立全员意识。工程在施工过程中，施工企业应“以合同为依据，以事实为基础，以技术和经济相组合为手段”，充分发挥主观能动性，做好全方位的造价管理工作。

1. 施工组织设计

施工前，要结合施工图纸及现场实际情况和资源配置等，编制一套科学、合理的施工组织设计，该设计方案是工程实施行动纲领。其编制要方案优化、工期合理、工艺先进、程序科学，均衡地安排各分项工程的进度，应在最大可能满足施工要求的同时，着重考虑经济性。

2. 要加强合同管理

合同定稿前，实行内部审阅制度，防止失误；签订合同时，要考虑全面，条款清晰、字句严谨，严格遵守有关法律法规，对进度、质量 、安全 、文明施工都要有相应的经济制约手段。合同签订后，要对相关管理人员进行合同交底。

3. 采取技术措施

认真组织图纸会审和技术交底，园林工程技术人员必须熟悉图纸，了解定额，下达任务书并严格把关，及时办理施工现场中的签证；提高工程质量，防止返工造成损失，把控制工程造价的观念渗透到各项技术措施之中。

4. 树立强烈的工期意识

对园林工程项目进行系统梳理，精算工期，增强预见性，抓住制约工期的关键因素，抓紧工序衔接，抓实作业流程，做到每一步都踩在节奏上，确保施工过程的连续性、协调性和均衡性。

5. 加强施工中的物资管理

材料采购要质量好、价格低、运距短 、计量准、验收好；材料使用要按照定额和进度安排，限额领用防止浪费；定期盘点，用好用活流动资金，降低库存成本；掌握市场价格变化，及时储备物优价廉的材料；使用能降低材料消耗的各种新技术、新工艺。

6. 加强施工中的机械设备管理

根据工程进度，合理选用机械，注意一机多用，充分发挥机械的效能，提高机械利用率，减少机械费成本；定期保养机械，提高机械的完好率，保证每天满负荷运转，为整体进度提供保证；合理安排大型设备进出场时间以降低费用。

7. 在施工中推行责任成本控制管理

8. 加强索赔管理

学后训练

一、基础训练

1. 园林工程项目如何进行划分？

2．园林工程造价的组成是什么？

3．园林工程造价的分类是什么？

4．园林工程造价计算过程是什么？

5．园林工程施工阶段如何进行造价管理？

二、专业拓展

学生根据学习范本，对照园林工程计价规范，学习园林专业建设项目计价规范的主要文本，初步熟悉规范中条文的使用。

第二篇

园林绿化工程工程量清单编制

任何建设工程，在进行工程成本计算时，必须首先确定其工程的数量。使用工程量清单计价模式进行工程造价计算时，必须根据国家规范，参照项目设计文件等，首先对建设工程中各个项目的实体类型、措施项目等计算数量。尤其当建设项目采用招投标方式进行发承包时，工程量清单编制必须提前准确地完成，并作为招标文件的重要组成部分，发售给具备资质要求的潜在投标人。因此，计算建设工程的清单工程量、正确编制工程量清单招标文件，是后续投标报价、造价管理的基础。

采用工程量清单计价模式，工程量清单在编制时依据相关的国家标准，如园林绿化工程使用的是《建设工程工程量清单计价规范》(GB 50500—2013)。由于国家标准不受地域的影响，据此计算的项目清单工程量都具有“全国一量”的特点，不因项目所在地域不同而出现量值的差别。

项目1 绿化工程清单计量

学习目标：（1）了解园林绿化工程基础知识；

（2）会编制园林绿化工程量清单。

学习重点：（1）园林绿化工程量计算规则；

（2）园林绿化工程分部分项工程量清单。

学习难点：园林绿化工程量计算规则。

子项目1 绿化工程基础知识

一、绿化工程涵义

绿化工程是指对绿化植物按规划要求所进行的栽植和养护工作。它为人们提供一个良好的休息、文化娱乐、亲近大自然的场所，能保护生态环境、改善城市生活环境、起到悦目怡人的作用。

二、绿化工程专业知识储备

绿化工程中常常用到以下专业术语：

（1）绿化率　绿地在一定用地范围内所占面积的比率，它是城市绿地规划的重要指标之一。

（2）绿化覆盖率　各种植物垂直投影占一定范围土地面积的比率，它是衡量绿化量和反映绿化程度的数据。

（3）绿篱　密集种植的园林植物经过修剪整形而形成的篱垣。常用的植物有：常绿桧柏、大叶黄杨、小叶女贞等。

（4）草坪　栽植或撒播人工选育的草种、草籽，作为矮生密集型的植被，经养护修剪形成整齐均匀的表层植被，具有改善环境、防止水土流失等作用。常见草种有：高羊茅、白三叶等。

（5）模纹　用多种常绿植物以自然风格交错配置，种植在一些大型广场和立交桥下，形成不同的自然式的曲形绿带。

（6）垂直绿化　利用攀援植物绿化墙壁、栏杆、棚架等。攀援植物有缠绕类、卷须类、攀附类和吸附类等。

（7）苗高 指从地面到顶梢的高度。

（8）冠径 又称冠幅，应为苗木冠丛垂直投影面的最大直径和最小直径之间的平均值。

（9）草坪铺种 种草可采用播种、栽根和铺草块的方法。

（10）树木养护 指城市园林乔、灌木的整形、修剪及越冬保护。

（11）树木假植 移植裸根树木时，如不能及时栽植，要用湿润的土壤暂时掩埋根部。

上述专业术语，不仅在园林工程设计、施工中用到，在进行工程计价时，也是准确计算工程量、正确查套定额、计算工程造价所必须掌握的知识。

子项目2 工程量清单项目

绿化工程主要包括：绿地整理、栽植花木、绿地喷灌。

一、绿地整理

（一）砍伐乔木

1. 工作内容

砍伐乔木的工作内容包括：砍伐，废弃物运输及场地清理。

2. 项目特征

需要描述树干胸径。

3. 工程量计算规则

按数量以株计算。

（二）整理绿化用地

1. 工作内容

整理绿化用地的工作内容包括：排地表水，土方挖、运，耙细、过筛，回填，找平、找坡，拍实等。

2. 项目特征

需要详细描述回填土质要求，取土运距、回填厚度及弃渣运距等。

3. 工程量计算规则

按设计图示尺寸以面积计算。

（三）屋顶花园基底处理

1. 工作内容

屋顶花园基底处理的工作内容包括：抹找平层，防水层铺设，排水层铺设，过滤层铺设，填轻质土壤，阻根层铺设，运输。

2. 项目特征

需要详细描述找平层厚度、砂浆种类、强度等级，防水层种类、做法，排水层厚度、材质，过滤层厚度、材质，回填轻质土厚度、种类，屋顶高度，阻根层厚度、材质、做法。

3. 工程量计算规则

按设计图示尺寸以面积计算。

二、栽植花木

（一）栽植乔木

1．工作内容

栽植乔木的工作内容包括：起挖、运输、栽植、养护。

2．项目特征

需要描述乔木种类，胸径或干径，株高、冠径、起挖方式，养护期。

3．工程量计算规则

按设计图示数量以株计算。

（二）栽植绿篱

1．工作内容

栽植绿篱的工作内容包括：起挖、运输、栽植、养护。

2．项目特征

需要描述绿篱种类，篱高，行数、蓬径，单位面积株数，养护期。

3．工程量计算规则

（1）以米计量　按设计图示长度以延长米计算；

（2）以平方米计量　按设计图示尺寸以绿化水平投影面积计算。

（三）铺种草皮

1．工作内容

铺种草皮的工作内容包括：起挖、运输、铺底砂（土）、栽植、养护。

2．项目特征

需要描述草皮种类，铺种方式及养护期。

3．工程量计算规则

按设计图示尺寸以绿化投影面积计算。

三、绿地喷灌

（一）喷灌管线安装

1．工作内容

喷灌管线安装的工作内容包括：管道铺设，管道固筑，水压试验，刷防护材料、油漆。

2．项目特征

需要描述管道品种、规格，管件品种、规格，管道固定方式，防护材料种类，油漆品种、刷漆遍数。

3．工程量计算规则

按设计图示管道中心线长度以延长米计算，不扣除检查井、阀门、管件及附件所占的长度。

（二）喷灌配件安装

1．工作内容

喷灌配件安装的工作内容包括：管道附件、阀门、喷头安装，水压试验，刷防护材料、油漆。

2．项目特征

需要描述管道附件、阀门、喷头品种、规格，管道附件、阀门、喷头固定方式，防护材料种类，油漆品种、刷漆遍数。

3．工程量计算规则

按设计图示数量以个计算。

子项目3 工程计算规则解读

绿化工程清单计算相关内容如表2-1所示。

表2-1 绿化工程计算规则解读

序号	项 目	说 明
1	概况	绿化工程共3节30个项目，包括绿地整理、栽植花木、绿地喷灌
2	有关项目说明	（1）整理绿化地是指土石方的挖方、回填、运输、找平、找坡、耙细 （2）伐树、挖树根、除草等项目包括：砍、锯、挖、剔枝、废弃物装运卸、集中堆放、清理现场等全部工序 （3）屋顶花园基底处理项目包括：铺设找平层、粘贴防水层、闭水试验、透水管、排水口设备、填排水材料、过滤材料剪切、黏结，填轻质土，材料水平、垂直运输等全部工序 （4）栽植花木项目包括：起挖花木、临时假植、苗木包装、装卸押运，回运填塘、挖穴假植、栽植、支撑、回土、覆土保墒、养护等全部工序 （5）喷播植草项目包括：人工细整坡地、阴坡、草籽配制、保水剂、喷播草籽、施肥浇水、养护及材料运输等全部工序 （6）挖填土石方应按《房屋建筑与装饰工程工程量计算规范》附录A相关项目编码列项 （7）阀门井应按市政工程计量规范相关项目编码列项
3	有关项目特征说明	（1）屋顶高度指室外地面至屋顶顶面的高度 （2）胸径应为地表面向上1.2m高处树干直径 （3）花木种类应根据设计具体描述花木的名称 （4）养护期应为招标文件中要求花木种植结束，竣工验收通过后，承包人负责养护的时间
4	工程量计算规则说明	（1）砍伐乔木项目应根据树干的胸径或区分不同胸径范围，以实际树木的株数计算 （2）砍挖灌木丛及根项目应根据灌木丛高或区分不同丛高范围，以实际灌木丛数计算 （3）栽植乔木等项目应根据胸径、株高、丛高或区分不同胸径、株高、丛高范围，以设计数量计算
5	有关工作内容说明	屋顶花园基底处理项目的材料运输，包括水平运输和垂直运输

子项目4 工程量清单编制示例

【例2-1】某公园局部植物绿化种植区，长100m、宽20m。其中两边栽植裸根合欢22株，胸径15cm，养护期为3个月；另外两边栽植双排小叶女贞，长20m、宽5m、高60cm，养护期为3个月；绿地内满铺种草皮早熟禾，其养护期为12个月。计算各分部分项工程量，并编制表格。

【解】

（1）整理绿化用地工程量：$100 \times 20=2000$（m^2）

（2）栽植合欢乔木工程量：22株

（3）栽植绿篱工程量：$20 \times 2=40$（m）

（4）草皮铺种工程量：

$2000-(5 \times 20 \times 2)=1800$（$m^2$）

分部分项工程清单与计价表如表2-2所示：

表2-2　　分部分项工程清单与计价表

工程名称：某公园绿化工程　　标段：一标段　　第　页共　页

序号	项目编码	项目名称	项目特征描述	计量单位	工程量	金额/元		
						综合单价	合价	其中
								暂估价
1	050101010001	整理绿化用地	普坚土	m^2	2000			
2	050102001001	栽植合欢	裸根合欢，胸径15cm，养护期3个月	株	22			
3	050102005001	栽植女贞	小叶女贞，双排，高60cm，养护期3个月	m	40			
4	050102012001	铺种早熟禾	满铺早熟禾，养护期1年	m^2	1800			
本页小计								
合　计								

学后训练

一、基础训练

1. 种草方法有哪些？如何进行清单列项？

2. 栽植绿篱工程量计算规则是什么？如何确定其工程计量单位？如何进行编制其项目编码？

二、单项训练

1. 某公园绿化如图2-1所示。整体为高羊茅草地及踏步，踏步长宽厚分别为800mm、70mm、

120mm，草地养护期为6个月。计算分部分项工程量，并编制表格。

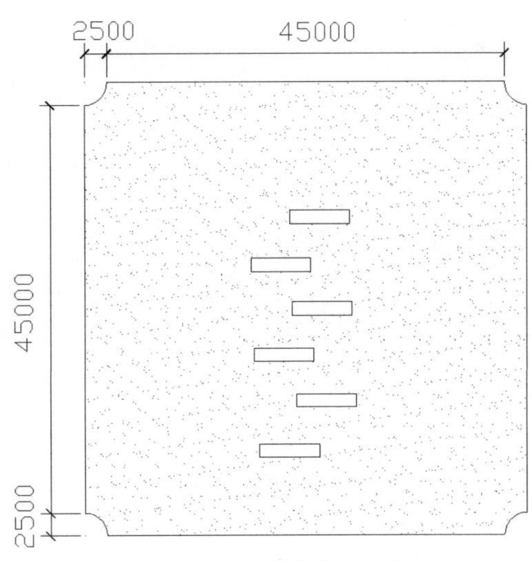

图2-1 公园草地铺种示意图

2. 某小区绿化色带如图2-2所示，弧长为16m、宽为1m。色带内种植迎春，高度1m以内，约9株/m^2，养护期为1年。计算分部分项工程量，并编制表格。

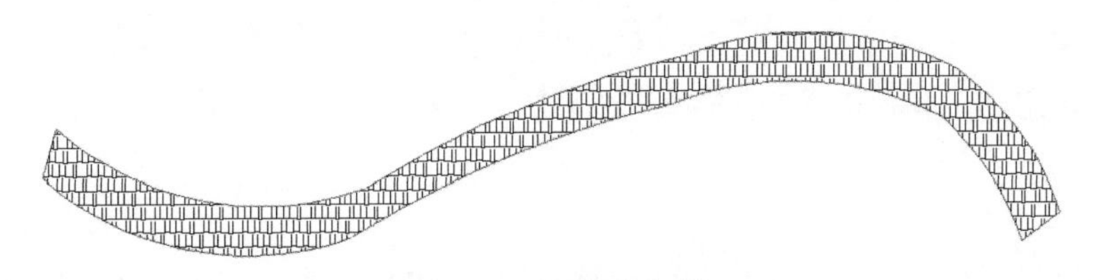

图2-2 S形绿化色带

项目2 园路、园桥工程清单计量

学习目标：（1）了解园路、园桥工程基础知识；

（2）会编制园路、园桥工程量清单。

学习重点：（1）园路、园桥工程量计算规则；

（2）园路、园桥工程分部分项工程量清单。

学习难点：园路、园桥工程量计算规则。

子项目1 园路、园桥工程基础知识

一、园路工程

园林中的道路即园路，它是园林的主要组成要素，包括道路、广场、休憩园地等的硬质铺装，是联系景区、景点及活动场所的纽带，具有引导游览、分散人流的功能，如图2-3所示。园路一般分为：主干道、次干道和游步道。其基本构成包括垫层、结合层和面层，如图2-4所示。

园林中的路是联系各景区的纽带和脉络，在园林中起着组织交通的作用，它随着地形环境、自然景色的变化而布置，引导并组织游人在不断变化的角度中观赏到最佳景观，从而获得轻松、幽静、自然的感受。其面层材料和式样丰富多彩，常采用石材、混凝土、瓷砖、方砖及鹅卵石等。

图2-3 园路

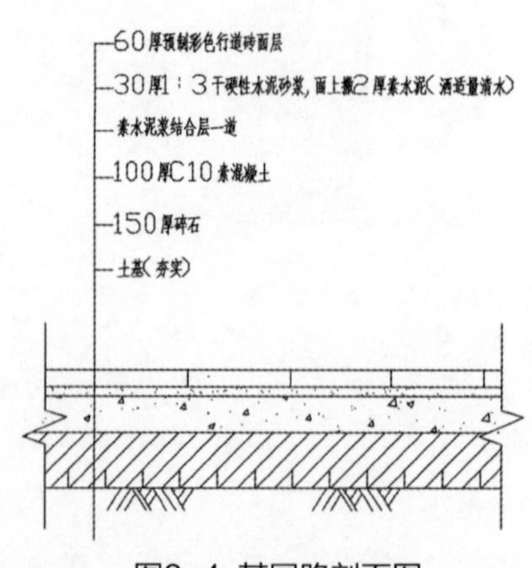

图2-4 某园路剖面图

园路工程内容包括：

（1）土基整理路床　指对基土层，按设计要求进行挖填找平、夯实整理等施工工序。工作内容包括：30cm以内的挖填土，夯实、整形，弃土2m以外。

（2）基础垫层　指将路面荷载过渡到路床上的扩散层。铺设垫层的工作内容包括：筛土、浇水、拌和、铺设、找平、夯实、混凝土搅拌、振捣及养护等。

（3）路面面层　路面铺筑包括：放线、修整路槽、夯实、修平垫层、铺面层、嵌缝及清扫等。

二、园桥工程

桥是水上的路，造型设计精美的桥能成为自然水景中的重要点缀和园中主景，见图2-5、图2-6。常用园桥类型主要有拱桥、亭桥、廊桥、平桥及汀步等。

图2-5　北京颐和园十七孔桥

图2-6　木质步桥

园桥工程包括：

（1）桥基　指桥台、桥墩下面的基础，有毛石基础和混凝土基础，用毛石和水泥砂浆砌筑或用混凝土浇捣而成。

（2）桥身　分为：桥墩、桥拱、桥身侧面墙等。

（3）桥面　指桥梁拱圈顶部，衔接道路通行交通的顶面，一般采用耐磨性较好的条石。

（4）栏杆　主要功能是防护和装饰性作用，还用于分隔不同活动内容的空间，划分活动范围以及组织人流。

子项目2　工程量清单项目

园路、园桥工程主要包括：园路、园桥工程，驳岸、护岸（图2-7、图2-8）。

图2-7　石砌驳岸

图2-8　草皮护岸

一、园路、园桥工程

（一）园路

1. 工作内容

园路的工作内容包括：路基、路床整理，垫层铺筑，路面铺筑，路面养护。

2. 项目特征

需要描述路床土石类别，垫层厚度、宽度、材料种类，路面厚度、宽度、材料种类，砂浆强度等级。

3. 工程量计算规则

按设计图示尺寸以面积计算，不包括路牙。

（二）嵌草砖铺装

1. 工作内容

嵌草砖铺装的工作内容包括：原土夯实，垫层铺设，铺砖，填土。

2. 项目特征

需要描述垫层厚度，铺设方式，嵌草砖品种，规格、颜色，漏空部分填土要求。

3. 工程量计算规则

按设计图示尺寸以面积计算。

（三）木质步桥

1. 工作内容

木质步桥的工作内容包括：木桩加工，打木桩基础，木梁、木桥板、木桥栏杆、木扶手制作、安装，连接铁件、螺栓安装，刷防护材料。

2. 项目特征

需要描述桥宽度、桥长度，木材种类，各部位截面长度，防护材料种类。

3. 工程量计算规则

按桥面板设计图示尺寸以面积计算。

二、驳岸、护岸

（一）石砌驳岸

1. 工作内容

石砌驳岸的工作内容包括：石料加工、砌石、勾缝。

2. 项目特征

需要描述石料种类，驳岸截面、长度，勾缝要求，砂浆强度等级、配合比。

3. 工程量计算规则

（1）以立方米计量　按设计图示尺寸以体积计算；

（2）以吨计量　按质量计算。

（二）框格花木护坡

1. 工作内容

框格花木护坡的工作内容包括：修边坡、安放框格。

2. 项目特征

需要描述护岸平均宽度、护坡材质、框格种类与规格。

3. 工程量计算规则

按设计图示展开宽度乘以长度以面积计算。

子项目3　工程计算规则解读

园路、园桥工程清单计算相关内容如表2-3所示。

表2-3　园路、园桥工程计算规则解读

序号	项　目	说　明
1	概况	园路、园桥工程共2节20个项目，包括园路、园桥工程，驳岸、护岸。适用公园、小游园等园林建设工程
2	有关项目说明	（1）驳岸工程的挖土方、开凿石方、回填等应按《房屋建筑与装饰工程工程量计算规范》相关项目编码列项 （2）原木桩驳岸指公园、小区、街边绿地等的溪流河边造境驳岸

续表

序号	项　目	说　明
3	有关项目特征说明	（1）园路项目路面材料种类有混凝土路面、石材路面、卵石路面等；石材应分块石、石板，砖砌应分平砌、侧砌，卵石应分选石、选色、拼花、不拼花。应在项目特征中进行描述 （2）树池围牙铺设方式指围牙周围的平铺、侧铺 （3）木制步桥项目的部件，可分为木桩、木梁、木桥板、木栏杆、木扶手，各部件的规格应在工程量清单中进行描述 （4）自然护岸如有水泥砂浆黏结卵石要求的，应在工程量清单中进行描述
4	工程量计算规则说明	（1）园路如有坡度时，工程量以斜面积计算 （2）嵌草砖铺设工程量不扣除漏空部分的面积，如在斜坡上铺设时，按斜面积计算
5	有关工作内容说明	垫层铺筑材料有3∶7灰土，石灰炉渣，碎石（干铺和灌浆），碎砖三合土、毛石（干铺和灌浆），混凝土等。其工作内容包括筛土、浇水、拌和、铺设、找平、夯实、混凝土搅拌、振捣及养护

子项目4　工程量清单编制示例

【例2-2】如图2-9所示，某小区局部纹形现浇碎石混凝土园路，长50m、宽2.2m。构造做法为：C20混凝土厚14cm，垫层为3∶7灰土，厚10cm；两侧路牙为混凝土块。计算各分部分项工程量，并编制表格。

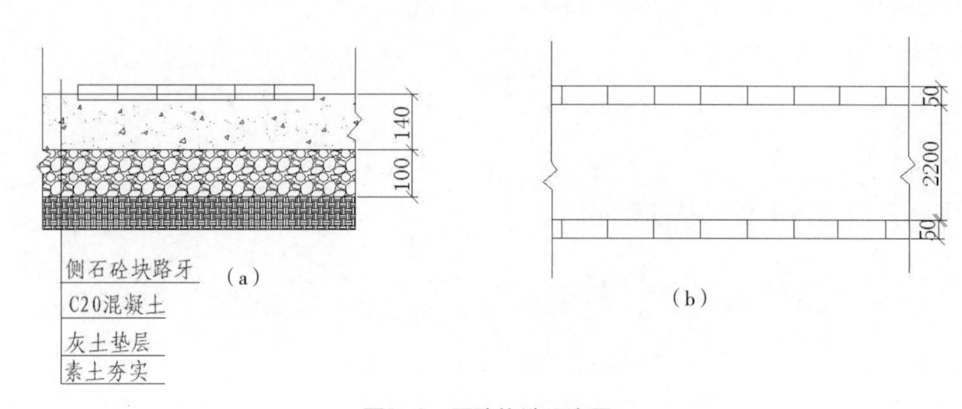

图2-9　园路构造示意图

（a）剖面图　　（b）平面图

【解】

（1）园路工程量：$50\times2.2=110$（m^2）

（2）路牙工程量：$50\times2=100$（m）

分部分项工程量清单与计价如表2-4所示：

表2-4　　分部分项工程清单与计价表

工程名称：某小区园林绿化工程　　标段：一标段　　第　页共　页

序号	项目编码	项目名称	项目特征描述	计量单位	工程量	金额/元		
						综合单价	合价	其中
								暂估价
1	050201001001	园路	素土夯实；3∶7灰土垫层，厚10cm；纹形现浇混凝土园路，厚14cm、宽2.2m，C20碎石混凝土	m^2	110			
2	050201003001	路牙铺设	混凝土块	m	100			
本页小计								
合　计								

学后训练

一、基础训练

1．园路、园桥、驳岸工程的挖土方、回填等如何进行编码列项？

2．园路如有坡度，工程量如何计算？

二、单项训练

1．某圆形广场采用青砖铺设，其结构如图2-10所示，已知该广场半径为18m。计算分部分项工程量，并编制表格。

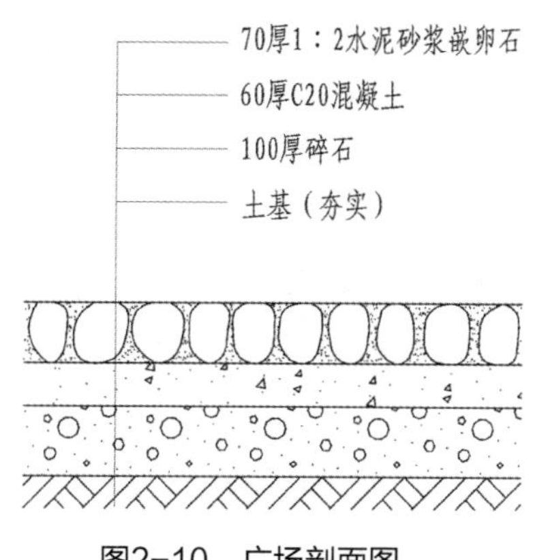

图2-10　广场剖面图

2．某公园内人工湖为原木桩驳岸，如图2-11所示。假山占地面积为150m^2，木桩为柏木桩，桩高150cm、直径13cm，共5排，两桩之间距离为20cm，打木桩时挖圆形地坑，深100cm、半径8cm。计算各分部分项工程量，并编制表格。

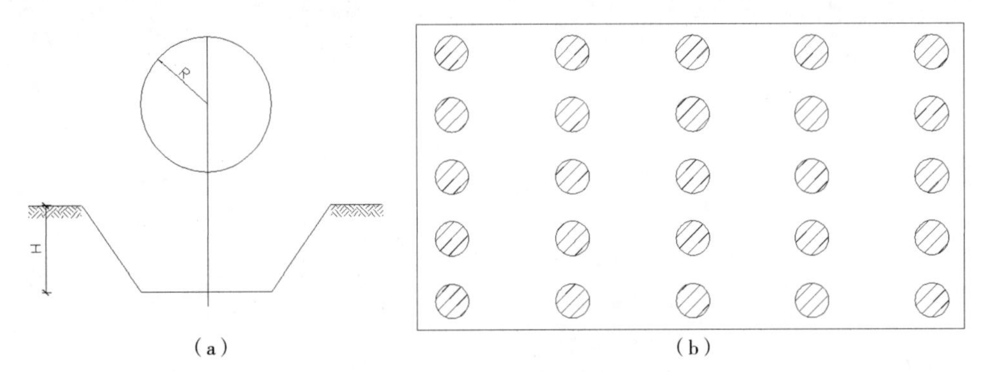

图2-11　原木桩驳岸示意图

（a）圆形地坑示意图　　（b）原木桩平面图

项目 3 园林景观工程清单计量

学习目标：（1）了解园林景观工程基础知识；

（2）会编制园林景观工程量清单。

学习重点：（1）园林景观工程量计算规则；

（2）园林景观工程分部分项工程量清单。

学习难点： 园林景观工程量计算规则。

子项目1 园林景观工程基础知识

园林景观工程主要是指为增添园林观赏性而做的工艺点缀品、摆设品和小型设施等园林小品项目，供人们休息、观赏，方便游览活动。它以其丰富的内容、轻巧美观的造型点缀在园林绿化植物之中，美化了景色、烘托了气氛、加深了意境，是园林中不可或缺的重要组成部分，见图2-12～图2-17。

园林小品内容丰富，按其功能分为：

（1）供休息用的小品　包括各种造型的靠背园椅、凳、桌和遮阳的伞、罩等。

（2）装饰性小品　各种景墙、景窗等，在园林中起点缀作用。

（3）结合照明的小品　园灯的基座、灯柱、灯头、灯具都有很强的装饰作用。

图2-12　围树靠背园椅

图2-13　景墙景窗

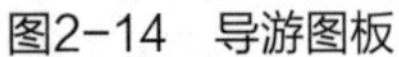

图2-14　导游图板

图2-15　中式廊亭

图2-16　木质吊挂楣子

图2-17　亭廊屋面

（4）展示性小品　各种布告板、导游图板、指路标牌以及动物园、植物园和文物古建筑的说明牌、阅报栏、图片画廊等，都对游人有指示、宣传作用。

（5）观赏休息用小品　如亭、廊、花架、雕塑等。

一、假山

假山是园林中以造景为目的，用土、石等材料构筑的山。假山具有多方面的造景功能，如构成园林的主景或地形骨架，划分和组织园林空间，布置庭院、驳岸、护坡、挡土，设置自然式花台。还可以与园林建筑、园路、场地和园林植物组合成富于变化的景致，借以减少人工气氛，增添自然生趣，使园林建筑融汇到山水环境中。

假山工程主要有：

1. 堆砌石假山

指采用一定特色的石料进行人工堆砌而形成的假山（图2-18）。它包括：放样，选、运石，调制、运砂浆（混凝土），堆砌，搭拆简单脚手架，塞填嵌缝，清理，养护。

2. 塑假石山

也称塑石假山（图2-19）。指以砖结构、钢架结构，或两者的混合结构为骨架，用可塑性较强的砂浆、混凝土等塑仿各种天然石质纹理进行抹灰或贴面，塑造出仿真效果的假山。根据塑造材料不同，分为砖石骨架塑假山、钢骨架钢网塑假山。

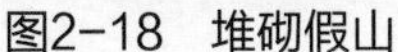
图2-18　堆砌假山

图2-19　塑石假山

二、景观花架、廊架

花架指供游人休息、赏景、方便攀援植物生长的棚架。其组织形式多种多样，造型灵活轻巧，主要有廊式花架、片式花架和独立式花架。花架常用的建筑材料有：竹木材、钢筋混凝土、石材、金属材料等。

廊架以木材、竹材、石材、金属、钢筋混凝土为主要原料建成，起到供游人休息、观景点缀的作用。廊架可应用于各种类型的园林绿地中，常设置在风景优美的地方供休息和观景点，也可以和亭、廊、水榭等结合，组成外形美观的园林建筑群；在居住区绿地、儿童游戏场中廊架可供休息、遮阴、纳凉；用廊架代替廊子，可以联系空间；用格子攀缘藤本植物，可分隔景物；园林中的茶室、小卖部、餐厅等，也可以用廊架作凉棚，设置坐席；也可用廊架作公园的大门。

三、园林桌椅

园林桌椅是各种园林绿地及城市广场中心必备的设施，常被设置在人们需要歇息、环境优美、有景可赏之处。其造型要轻巧美观，形式活泼多样，构造要简单，制作要方便，结合园林环境做出具有特色的设计。园椅高度一般取35～40cm。常用材料有钢筋混凝土、木材、石材等。

园林桌椅一般设置在有景可赏或可安静休息的地方或者林荫道上。座椅一般由支腿、扶手、靠背、面层组成，其形状一般为长条形、圆形等。

四、喷泉

喷泉是一种将水或其他液体经过一定压力通过喷头喷洒出来具有特定形状的组合体，提供水压的一般为水泵。喷泉景观分为两大类：一是因地制宜，根据现场地形结构，仿照天然水景制作而成，如：壁泉、涌泉、雾泉、管流、溪流、瀑布、水帘、跌水、水涛、漩涡等；二是完全依靠喷泉设备人工造景，这类水景近年来在建筑领域广泛应用，发展速度很快，种类繁多，有音乐喷泉、程控喷泉、摆动喷泉、跑动喷泉、光亮喷泉、游乐喷泉、超高喷泉、激光水幕电影等。如图2-20所示。

喷泉原是一种自然景观，是承压水的地面露头。园林中的喷泉，一般是为了造景的需要，人工建造的具有装饰性的喷水装置。喷泉可以湿润周围空气，减少尘埃，降低气温。喷泉的细小水珠同空气分子撞击，能产生大量的负氧离子。因此，喷泉有益于改善城市面貌和促进人们身心健康。

图2-20　喷泉

子项目2　工程量清单项目

园林景观工程主要包括：堆塑假山，原木、竹构件，亭廊屋面，花架，园林桌椅，喷泉安装，杂项。

一、堆塑假山

（一）堆砌石假山

1. 工作内容

堆砌石假山的工作内容包括：选料，起重架搭、拆及堆砌、修整。

2. 项目特征

需要描述堆砌高度，石料种类、单块重量，混凝土强度等级，砂浆强度等级、配合比。

3. 工程量计算规则

按设计图示尺寸以质量计算。

（二）石笋

1. 工作内容

石笋的工作内容包括：选石料、石笋安装。

2. 项目特征

需要描述石笋高度，石笋材料种类，砂浆强度等级、配合比。

3. 工程量计算规则

以支计量，按设计图示数量计算。

（三）山坡（卵）石台阶

1．工作内容

山坡石台阶的工作内容包括：选石料、台阶砌筑。

2．项目特征

需要描述石料种类、规格，台阶坡度，砂浆强度等级。

3．工程量计算规则

按设计图示尺寸以水平投影面积计算。

二、原木、竹构件

（一）原木柱、梁、檩、椽

1．工作内容

原木柱、梁、檩、椽的工作内容包括：构件制作，构件安装，刷防护材料。

2．项目特征

需要描述原木种类，原木直径，构件连接方式，防护材料种类。

3．工程量计算规则

按设计图示尺寸以长度计算（包括榫长）。

（二）竹吊挂楣子

1．工作内容

竹吊挂楣子的工作内容包括：构件制作，构件安装，刷防护材料。

2．项目特征

需要描述竹种类，竹梢径，防护材料种类。

3．工程量计算规则

按设计图示尺寸以框外围面积计算。

三、亭廊屋面

（一）竹屋面

1．工作内容

竹屋面的工作内容包括：整理、选料，屋面铺设，刷防护材料。

2．项目特征

需要描述屋面坡度，竹材种类，防护材料种类。

3．工程量计算规则

按设计图示尺寸以实铺面积计算（不包括柱、梁）。

（二）油毡瓦屋面

1．工作内容

油毡瓦屋面的工作内容包括：清理基层，材料裁接，刷油，铺设。

2．项目特征

需要描述冷底子油品种，冷底子油涂刷遍数，油毡瓦颜色规格。

3．工程量计算规则

按设计图示尺寸以斜面计算。

四、花架

（一）现浇混凝土花架柱、梁

1．工作内容

现浇混凝土花架柱、梁的工作内容包括：模板制作、运输、安装、拆除、保养，混凝土制作、运输、浇筑、振捣、养护。

2．项目特征

需要描述柱或梁截面、高度、根数，混凝土强度等级。

3．工程量计算规则

按设计图示尺寸以体积计算。

（二）木花架柱、梁

1．工作内容

木花架柱、梁的工作内容包括：构件制作、运输、安装，刷防护材料、油漆。

2．项目特征

需要描述木材种类，柱、梁截面，连接方式，防护材料种类。

3．工程量计算规则

按设计图示截面乘长度（包括榫长）以体积计算。

五、园林桌椅

（一）现浇混凝土桌凳

1．工作内容

现浇混凝土桌凳的工作内容包括：模板制作、运输、安装、拆除、保养，混凝土制作、运输、浇筑、振捣、养护，砂浆制作、运输。

2．项目特征

需要描述桌凳形状，基础尺寸、埋设深度，桌面或凳面尺寸、支墩高度，混凝土强度等级、砂浆配合比。

3．工程量计算规则

按设计图示数量计算。

（二）塑树根桌凳

1．工作内容

塑树根桌凳的工作内容包括：砂浆制作、运输，砖石砌筑，塑树皮，绘制木纹。

2．项目特征

需要描述桌凳直径，桌凳高度，砖石种类，砂浆强度等级、配合比，颜料品种、颜色。

3．工程量计算规则

按设计图示数量计算。

六、喷泉安装

（一）喷泉管道

1．工作内容

喷泉管道的工作内容包括：土方挖运，管材、管件、阀门、喷头安装，刷防护材料，回填。

2．项目特征

需要描述管材、管件、阀门、喷头品种，管道固定方式，防护材料种类。

3．工程量计算规则

按设计图示管道中心线长度以延长米计算，不扣除检查井、阀门、管件及附件所占的长度。

（二）水下艺术装饰灯具

1．工作内容

水下艺术装饰灯具的工作内容包括：灯具安装，支架制作、运输、安装。

2．项目特征

需要描述灯具品种、规格、品牌，灯光颜色。

3．工程量计算规则

按设计图示数量以套计算。

七、杂项

（一）塑树皮梁、柱

1．工作内容

塑树皮梁、柱的工作内容包括：灰塑，刷涂颜料。

2．项目特征

需要描述塑树种类，砂浆配合比，喷字规格、颜色，油漆品种、颜色。

3．工程量计算规则

（1）以平方米计量　按设计图示尺寸以梁柱外表面积计算；

（2）以米计量　按设计图示尺寸以构件长度计算。

（二）标志牌

1.工作内容

标志牌的工作内容包括：选料，标志牌制作，雕凿，镌字、喷字，运输、安装，刷油漆等。

2．项目特征

需要描述材料种类、规格，镌字规格、种类，喷字规格、颜色，油漆品种、颜色。

3．工程量计算规则

按设计图示数量以个计算。

子项目3　工程计算规则解读

园林景观工程清单计算相关内容如表2-5所示。

表2-5 园林景观工程计算规则解读

序号	项　目	说　　明
1	概况	园林景观工程共7节63个项目，包括堆塑假山，原木、竹构件，亭廊屋面，花架，园林桌椅，喷泉安装，杂项
2	有关项目说明	（1）山石护角项目指土山或堆石山的山角堆砌的山石，起挡土石和点缀的作用 （2）原木（带树皮）墙项目也可用于在墙体上铺钉树皮项目 （3）石桌、石凳等项目可用于经人工雕凿的石桌、石凳，也可用于选自然石料的石桌、石凳 （4）标志牌项目适用于各种材料的指示牌、指路牌、警示牌等 （5）喷泉水池应按《房屋建筑与装饰工程工程量计算规范》中相关项目编码列项
3	有关项目特征说明	（1）木构件的连接方式有：榫眼连接、铁件连接、扒钉连接、黏结等 （2）原木（带树皮）墙项目的龙骨材料、底层材料，是指铺钉树皮的墙体龙骨材料和铺钉树皮底层材料 （3）防护材料指防水、防腐、防虫涂料等 （4）花架应描述柱、梁的截面尺寸和高度以及根数
4	工程量计算规则说明	（1）喷泉管道工程量从供水主管接头算至喷头接口（不包括喷头长度） （2）水下艺术装饰灯具工程量以每个灯泡、灯头、灯座以及与之配套的配件为1套 （3）砖石砌小摆设工程量以体积计算，如外形比较复杂难以计算体积，也可以估算体积计算。如有雕饰的须弥座，以个计算工程量时，工程量清单中应描述其外形主要尺寸，如长、宽、高尺寸
5	有关工作内容说明	（1）草屋面需捆把的竹片和篾条应包括在工作内容内 （2）预制混凝土花架、木花架、金属花架的构建安装包括吊装 （3）飞来椅铁件包括靠背、扶手、座凳面与柱或墙的连接铁件，座凳腿与地面的连接铁件

子项目4　工程量清单编制示例

【例2-3】某小区园林建筑立柱及现浇混凝土桌凳如图2-21、图2-22所示。原木柱子共10根，每根原木柱梢径为200mm，检尺长为6m；现浇混凝土桌凳，均为圆形，桌子半径为0.5m，桌面混凝土厚0.05m，桌腿为长方体，长0.4m、宽0.2m、高0.7m，凳子半径为0.2m、高0.5m；桌凳下为35mm厚C10混凝土垫层，及30mm厚粗砂垫层，垫层每侧比桌凳边缘长100mm，素土夯实。计算各分部分项工程量，并编制表格。

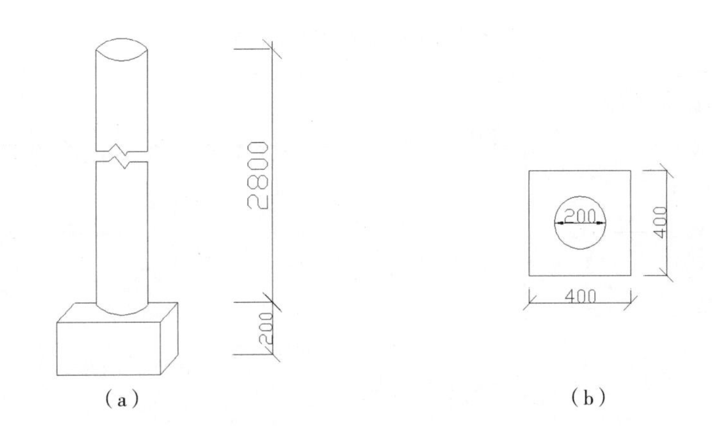

图2-21 立柱示意图

(a)立体图 (b)平面图

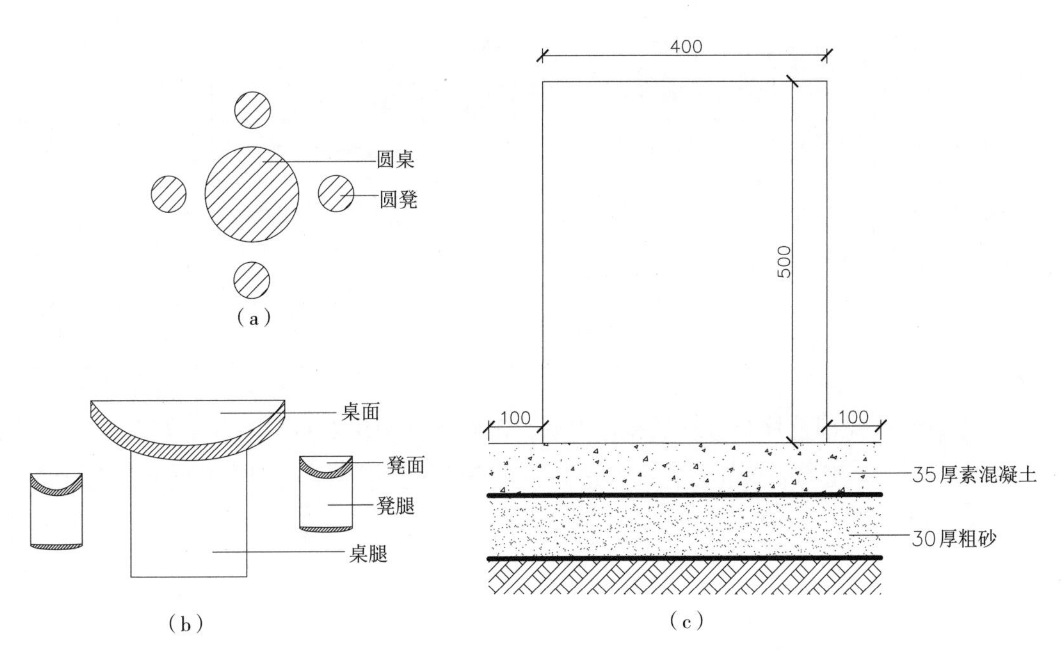

图2-22 现浇混凝土桌凳

(a)立体图 (b)平面图 (c)垫层

【解】

(1)原木柱清单工程量：10×6=60(m)

(2)现浇混凝土桌：1个

(3)现浇混凝土凳：4个

(4)垫层(混凝土)工程量：

$V=V_{桌垫层}+V_{凳垫层}=[(0.4+0.2)\times(0.2+0.2)+\pi\times(0.2+0.1)^2\times4]\times0.035=0.05(m^3)$

(5)垫层(粗砂)工程量：同垫层(混凝土)工程量，0.05 m^3

分部分项工程清单与计价表如表2-6所示：

表2-6　　分部分项工程清单与计价表

工程名称：某小区园林绿化工程　　标段：二标段　　第　页共　页

序号	项目编码	项目名称	项目特征描述	计量单位	工程量	金额/元		
						综合单价	合价	其中 暂估价
1	050302001001	原木柱	松木，梢径200mm；防护材料为煤焦油	m	60			
2	050305004001	现浇混凝土凳	圆形凳子，凳面半径200mm；支墩高500mm	个	4			
3	050305004002	现浇混凝土桌	圆形桌子，桌面半径500mm；支墩长400mm，宽200mm，高700mm	个	1			
4	010501001001	垫层	C10现浇碎石混凝土	m^3	0.05			
5	010501001002	垫层	粗砂垫层	m^3	0.05			
本页小计								
合　计								

【例2-4】某小区局部竹林旁边以石笋作点缀，寓意出“雨后春笋”的观赏效果，具体造型为：一根1.8m高的石笋；一根3.6m高的石笋；一根3m高的石笋依次排列。计算分部分项工程量，并编制表格。

【解】

石笋工程量：1支（高为1.8m）；1支（高为3.6m）；1支（高为3m）

分部分项工程清单与计价表如表2-7所示：

表2-7　　分部分项工程清单与计价表

工程名称：某小区园林绿化工程　　标段：二标段　　第　页共　页

序号	项目编码	项目名称	项目特征描述	计量单位	工程量	金额/元		
						综合单价	合价	其中 暂估价
1	050301004001	石笋	石笋，高1.8m；1：2水泥砂浆	支	1			
2	050301004002	石笋	石笋，高3.6m；1：2水泥砂浆	支	1			

续表

序号	项目编码	项目名称	项目特征描述	计量单位	工程量	金额/元		
						综合单价	合价	其中
								暂估价
3	050301004003	石笋	石笋，高3m；1：2水泥砂浆	支	1			
本页小计								
合　计								

【例2-5】某公共绿地中心建有小型喷泉，镀锌钢管输水管DN30，长10m，1个螺纹阀门连接，1套雪松喷头；镀锌钢管输水管DN20，长19m，2个螺纹阀门连接，1套喇叭花喷头；镀锌钢管泄水管DN35，长9.6m，1个螺纹阀门连接。编制各项分部分项工程清单与计价表。

【解】

（1）喷泉管道（DN30）清单工程量：10m

（2）喷泉管道（DN20）清单工程量：19m

（3）喷泉管道（DN35）清单工程量：9.6m

分部分项工程清单与计价表如表2-8所示：

表2-8　　分部分项工程清单与计价表

工程名称：某公共绿地园林工程　　标段：二标段　　第　页共　页

序号	项目编码	项目名称	项目特征描述	计量单位	工程量	金额/元		
						综合单价	合价	其中
								暂估价
1	050306001001	喷泉管道	镀锌钢管输水管，螺纹连接；DN30；1个螺纹阀门DN30；1套雪松喷头DN40	m	10			
2	050306001002	喷泉管道	镀锌钢管输水管，螺纹连接；DN20；2个螺纹阀门DN20；1套喇叭花喷头DN25	m	19			
3	050306001003	喷泉管道	镀锌钢管泄水管，螺纹连接；DN35；1个螺纹阀门DN35	m	9.6			
本页小计								
合　计								

【例2-6】某公园在各个园路口设置标志牌，需要制作12个木标志牌，其每个标志牌的展开面积为0.32m^2；标志牌带雕花边框，并刻字指示各园区名称，刷红色及白色醇酸磁漆。计算分部分项工程量，并编制表格。

【解】

标志牌清单工程量：12个

分部分项工程清单与计价表如表2-9所示：

表2-9　分部分项工程清单与计价表

工程名称：某公园园林绿化工程　　标段：二标段　　第　页共　页

序号	项目编码	项目名称	项目特征描述	计量单位	工程量	金额/元		
						综合单价	合价	其中 暂估价
1	050307009001	标志牌	木标志牌；带雕花边框；刻字；红色及白色醇酸磁漆	个	12			
本页小计								
合　计								

学后训练

一、基础训练

1. 假山工程分类有哪些？
2. 现浇混凝土模板计量方式有哪些？如何进行编码列项？

二、单项训练

某自然生态景区采用景墙分隔空间，原木墙做成高低参差不齐形状，如图2-23、图2-24所示，所用原木均为直径10cm的木材，其中原木高为1.6m的有8根，1.7m的有7根，1.8m的有8根，1.9m的有5根，2m的有6根，2.1m的有6根。计算分部分项工程量，并编制表格。

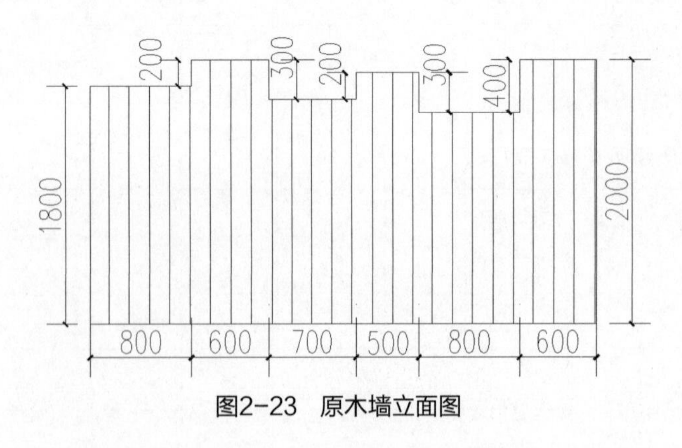

图2-23　原木墙立面图

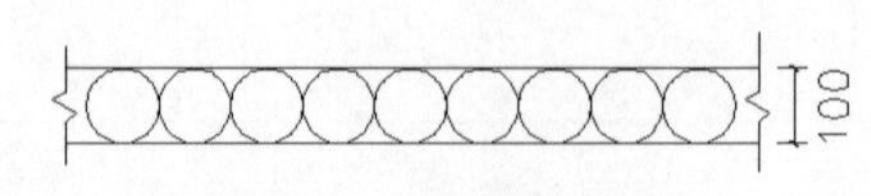

图2-24　原木墙平面图

项目4 通用项目清单计量

学习目标：（1）了解通用项目工程基础知识；

（2）会编制通用项目工程量清单。

学习重点：（1）通用项目工程量计算规则；

（2）通用项目分部分项工程量清单。

学习难点：通用项目工程量计算规则。

子项目1　通用项目基础知识

一、园林土方工程

（一）挖、填土方

垂直方向处理厚度在±30cm以内的就地挖、填、运、找平属于平整场地，当竖向处理厚度超过30cm时，应属于挖土方或填土方工程。

（二）地坑、土方的区分

（1）凡图示基底面积在$20m^2$以内（不包括加宽工作面）的为地坑，如图2-25所示。

（2）凡图示基底宽在3m以内，且基底长大于基底宽3倍以上的为沟槽，如图2-26所示。

（3）凡图示基底宽3m以上，基底面积$20m^2$以上的为挖土方。

图2-25　地坑

图2-26　沟槽

（三）土方工程相关表格

1．土壤分类表

土壤分类规定见表2-10。

表2-10 土壤分类表

土壤分类	土壤名称	开挖方法
一、二类土	粉土、砂土、粉质黏土、软土、冲填土	用锹，少许用镐、条锄开挖。机械能全部直接铲挖满载者
三类土	黏土、碎石土（圆砾、角砾）、可塑红黏土、素填土、压实填土	主要用镐、条锄挖掘，少许用锹开挖。机械需部分刨松方能铲挖满载者
四类土	碎石土（卵石、碎石、块石）、坚硬红黏土、超盐渍土、杂填土	全部用镐、条锄挖掘，少许用撬棍挖掘。机械须普遍刨松方能铲挖满载者

2．管道沟槽沟底宽度计算表

管道沟槽宽度，设计有规定的，按设计规定尺寸计算；设计无规定的，可按表2-11规定计算。

表2-11 管道沟槽沟底宽度计算表

管径/mm	铸铁管、钢管、石棉水泥管	钢筋混凝土管、预应力混凝土管	陶土管
50 ~ 70	0.6	0.80	0.70
100 ~ 200	0.7	0.90	0.80
250 ~ 350	0.8	1.00	0.90
400 ~ 450	1.00	1.30	1.10
500 ~ 600	1.30	1.50	1.40
700 ~ 800	1.60	1.80	
900 ~ 1000	1.80	2.00	
1100 ~ 1200	2.00	2.30	
1300 ~ 1400	2.20	2.60	

3．每米管道扣除土方体积表

管道沟槽回填，以挖方体积减去管道所占体积计算；管径在500mm以下的不扣除其所占体积，管径超过500mm时按表2-12规定计算。

表2-12 每米管道扣除土方体积表

单位：m^3

管道名称	管道直径 / mm					
	501~600	601~800	801~1000	1001~1200	1201~1400	1401~1600
钢管	0.21	0.44	0.70			

续表

管道名称	管道直径 / mm					
	501~600	601~800	801~1000	1001~1200	1201~1400	1401~1600
铸铁管	0.24	0.49	0.77			
塑料管	0.22	0.46	0.74	1.15	1.25	1.45
混凝土管	0.33	0.60	0.92	1.15	1.35	1.55

4. 基础施工所需工作面宽度计算表

挖地槽、挖地坑、挖土方适当留出下步施工工序必须的工作面，工作面的宽度应按施工组织设计所确定的宽度计算，如无施工组织设计时可参照表2–13数据计算。

表2–13 基础施工所需工作面宽度计算表

基础材料	每边各增加工作面宽度/ mm
砖基础	200
浆砌毛石、条石基础	150
混凝土基础垫层支模板	300
混凝土基础支模板	300
基础垂直面做防水层	1000（防水层面）

5. 放坡系数表

挖干土的沟槽、地坑、土方时，一、二类土深在1.25m以内，三类土深在1.5m以内，四类土深在2m以内，均不考虑放坡。超过以上深度，如需放坡，按施工图示尺寸计算，见图2–27、图2–28。如设计不明确，可按表2–14计算（放坡自垫层上表面开始计算）。

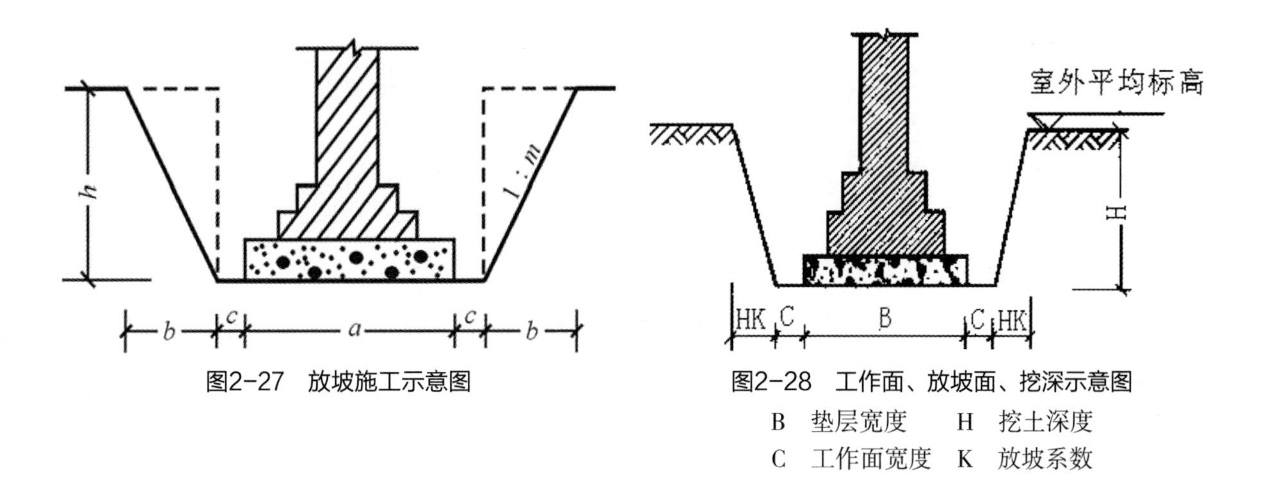

图2–27 放坡施工示意图

图2–28 工作面、放坡面、挖深示意图

B 垫层宽度 H 挖土深度

C 工作面宽度 K 放坡系数

表2-14　　放坡系数表

土类别	放坡起点/m	人工挖土	机械挖土		
			在坑内作业	在坑上作业	顺沟槽在坑上作业
一、二类土	1.20	1∶0.5	1∶0.33	1∶0.75	1∶0.5
三类土	1.50	1∶0.33	1∶0.25	1∶0.67	1∶0.33
四类土	2.00	1∶0.25	1∶0.10	1∶0.33	1∶0.25

6. 土方体积折算系数表

土方体积应按挖掘前的天然密实体积计算。如需按天然密实体积折算时，应按表2–15计算。

表2-15　　土方体积折算系数表

天然密实体积	虚方体积	夯实后体积	松填体积
0.77	1.00	0.67	0.83
1.00	1.30	0.87	1.08
1.15	1.50	1.00	1.25
0.92	1.20	0.80	1.00

二、砌筑工程

（一）砖砌体

砖砌体主要是指由砖和砂浆组成，形成砖墙、砖柱等构件。建筑物的墙体既起围护、分隔作用，又起承重构件作用。按墙体所处水平面位置的不同，可分为外墙和内墙；按受力情况的不同，可分为承重墙和非承重墙；按装修做法不同，可分为清水墙和混水墙；按组砌方法不同，可分为实心砖墙、空斗墙、空花墙、填充墙等。砖柱按材料分为标准砖柱和灰砂砖柱；按形状不同分为砖方柱、砖圆柱。

（二）砌块砌体

1. 空心砖墙

空心砖是指以黏土、页岩、煤矸石为主要原料，经焙烧而成的孔洞率不小于35%、孔的尺寸大而数量少的砖，主要用于非承重墙。

空心砖墙的厚度多为空心砖的厚度。施工时，空心砖采用全顺侧砌，孔洞呈水平方向与墙长同向。

2. 多孔砖墙

多孔砖是指以黏土、页岩、煤矸石为主要原料，经焙烧而成的孔洞率不小于15%、孔为圆孔或非圆孔、孔的尺寸小而数量多的砖，主要用于承重墙。

3. 砌块墙

砌块是指普通混凝土小型空心砌块、加气混凝土块、硅酸盐砌块等。通常把高度为180~350mm的称为小型砌块，360~900mm的称为中型砌块。

三、钢筋混凝土工程

钢筋混凝土工程由模板、混凝土、钢筋三部分专业工种组成。其中模板工程属于措施项目。混凝土分为现浇和预制构件。钢筋分为预制构件钢筋和现浇构件钢筋。

混凝土工程主要项目有以下几项。

（一）垫层

垫层指的是设于基层以下的结构层，其主要作用是隔水、排水、防冻以改善基层和土基的工作条件。垫层为介于基层与土基之间的结构层，在土基水稳状况不良时，用以改善土基的水稳状况，提高路面结构的水稳性和抗冻胀能力，并可扩散荷载，以减少土基变形。

（二）基础

基础指建筑底部与地基接触的承重构件，它的作用是把建筑上部的荷载传给地基。因此地基必须坚固、稳定而可靠。工程结构物地面以下的部分结构构件，用来将上部结构荷载传给地基，是房屋、桥梁及其他构筑物的重要组成部分。按截面形状，可分为带形基础、独立基础、杯形基础等，如图2-29所示。

（a）　　　　（b）　　　　（c）

图2-29　基础

（a）条（带）形基础　（b）杯形基础　（c）满堂基础

（三）柱

用钢筋混凝土材料制成的柱，是房屋、桥梁等各种工程结构中最基本的承重构件。构造柱是指按建筑物刚性要求设置的、先砌墙后浇捣的柱，根据设计规范要求，构造柱需设与墙体咬接的马牙槎。如图2-30、图2-31所示。

图2-30　异形柱

图2-31　构造柱、圈梁

（四）梁

按断面或外形形状分为矩形梁、异形梁、弧形梁等。

圈梁是指按建筑、构筑物整体刚度要求，沿墙体水平封闭设置的构件，见图2-31。

过梁指放在门、窗等洞口上部的一根横梁，见图2-32。当墙体上开设门窗洞口，且墙体洞口大于300mm时，为了支撑洞口上部砌体所传来的各种荷载，并将这些荷载传给门窗等洞口两边的墙，常在门窗洞口上设置过梁。

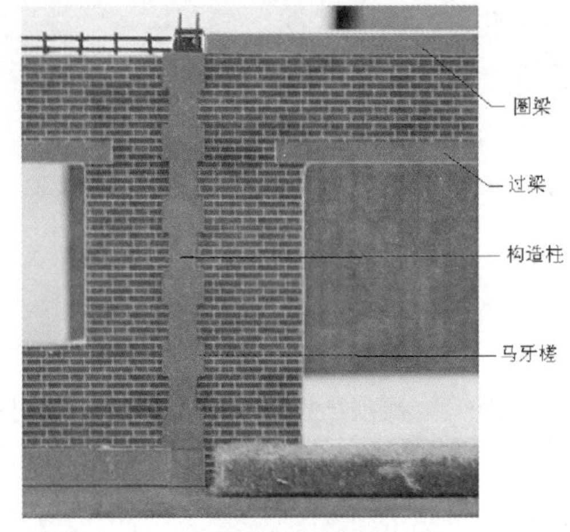

图2-32　过梁

（五）楼板

楼板是指主要用来承受垂直于板面的荷载，厚度远小于平面尺度的平面构件。一般分为现浇混凝土板和预制混凝土板。

四、装饰工程

（一）楼地面

地面构造一般为面层、垫层和基层；楼层地面构造一般为面层、结合层和楼板。

（二）墙面装饰

墙面装饰的基本构造包括底层、中间层、面层三部分。底层经过对墙体表面做抹灰处理，将墙体找平并保证与面层连接牢固。中间层是底层与面层连接的中介，除使连接牢固可靠外，经过适当处理还可以起防潮、防腐、保温隔热等作用。面层是墙体的装饰层。

常用的饰面材料有墙纸、木质板材、石材、金属板、瓷砖及各类抹灰砂浆和涂料等。

（三）天棚

天棚常用的做法有喷浆、抹灰、涂料、吊顶等，具体采用哪种做法，根据房屋的功能要求、外观形式、饰面材料等选定。

（四）门窗

门窗是重要的建筑构件，也是重要的装饰部件，其种类按材料分有木门窗、钢门窗、铝合金门窗、塑料门窗等。

子项目2　工程量清单项目

通用项目主要包括：土方工程、砌筑工程、钢筋混凝土工程、木结构工程及装饰工程等。

一、土方工程

（一）挖基坑土方

1. 工作内容

挖基坑土方的工作内容包括：排地表水、土方开挖、围护及拆除、基底钎探、运输。

2．项目特征

需要描述土壤类别、挖土深度及弃土运距。

3．工程量计算规则

按设计图示尺寸以基础垫层底面积乘以挖土深度计算。

（二）管沟土方

1．工作内容

管沟土方的工作内容包括：排地表水、土方开挖、围护支撑、运输、回填。

2．项目特征

需要描述土壤类别、管外径、挖沟深度、回填要求。

3．工程量计算规则

（1）以米计量　按设计图示以管道中心线长度计算；

（2）以立方米计量　按设计图示管底垫层面积乘以挖土深度计算；无管底垫层按管外径的水平投影面积乘以挖土深度计算。

二、砌筑工程

（一）砖基础

1．工作内容

砖基础的工作内容包括：砂浆制作、运输，砌砖，防潮层铺设，材料运输。

2．项目特征

需要描述砖品种、规格、强度等级，基础类型，砂浆强度等级，防潮层材料种类。

3．工程量计算规则

按设计图示尺寸以体积计算。

（二）实心砖墙

1．工作内容

实心砖墙的工作内容包括：砂浆制作、运输，砌砖，刮缝，砖压顶砌筑，材料运输。

2．项目特征

需要描述砖品种、规格、强度等级，墙体类型，砂浆强度等级、配合比。

3．工程量计算规则

按设计图示尺寸以体积计算。

（三）空花墙

1．工作内容

空花墙的工作内容包括：砂浆制作、运输，砌砖，刮缝，材料运输。

2．项目特征

需要描述砖品种、规格、强度等级，墙体类型，砂浆强度等级、配合比。

3．工程量计算规则

按设计图示尺寸以空花部分外形体积计算，不扣除空洞部分体积。

（四）石勒脚

1. 工作内容

石勒脚的工作内容包括：砂浆制作、运输，吊装，砌石，石表面加工，勾缝，材料运输。

2. 项目特征

需要描述石料种类、规格，石表面加工要求，勾缝要求，砂浆强度等级、配合比。

3. 工程量计算规则

按设计图示尺寸以体积计算，扣除单个面积大于0.3m^2的孔洞所占的体积。

三、钢筋混凝土工程

（一）独立基础

1. 工作内容

独立基础的工作内容包括：模板及支撑制作、安装、拆除、堆放、运输及清理模内杂物、刷隔离剂等，混凝土制作、运输、浇筑、振捣、养护。

2. 项目特征

需要描述混凝土类别、混凝土强度等级。

3. 工程量计算规则

按设计图示尺寸以体积计算。

（二）矩形柱

1. 工作内容

矩形柱的工作内容包括：模板及支架制作、安装、拆除、堆放、运输及清理模内杂物、刷隔离剂等，混凝土制作、运输、浇筑、振捣、养护。

2. 项目特征

需要描述混凝土种类、混凝土强度等级。

3. 工程量计算规则

按设计图示尺寸以体积计算。

（三）矩形梁

1. 工作内容

矩形梁的工作内容包括：模板及支架制作、安装、拆除、堆放、运输及清理模内杂物、刷隔离剂等，混凝土制作、运输、浇筑、振捣、养护。

2. 项目特征

需要描述混凝土种类、混凝土强度等级。

3. 工程量计算规则

按设计图示尺寸以体积计算。

四、木结构工程

（一）木屋架

1. 工作内容

木屋架的工作内容包括：制作、运输、安装、刷防护材料。

2. 项目特征

需要描述跨度，材料品种、规格，刨光要求，拉杆及夹板种类，防护材料种类。

3. 工程量计算规则

（1）以榀计量 按设计图示数量计算；

（2）以立方米计量 按设计图示的规格尺寸以体积计算。

（二）木柱

1. 工作内容

木柱的工作内容包括：制作、运输、安装、刷防护材料。

2. 项目特征

需要描述木柱规格尺寸、木材种类、刨光要求、防护材料种类。

3. 工程量计算规则

按设计图示尺寸以体积计算。

五、装饰工程

（一）墙面一般抹灰

1. 工作内容

墙面一般抹灰的工作内容包括：基层清理，砂浆制作、运输，底层抹灰，抹面层，抹装饰面，勾分格缝。

2. 项目特征

需要描述墙体类型，底层厚度、砂浆配合比，面层厚度、砂浆配合比，装饰面材料种类，分格缝宽度、材料种类。

3. 工程量计算规则

按设计图示尺寸以面积计算。扣除墙裙、门窗洞口及单个大于$0.3m^2$的空洞面积，不扣除踢脚线、挂镜线和墙与构件交接处的面积，门窗洞口和空洞的侧壁及顶面不增加面积。附墙柱、梁、垛、烟囱侧壁并入相应的墙面面积内。

（二）柱（梁）面装饰抹灰

1. 工作内容

柱、梁面装饰抹灰的工作内容包括：基层清理，砂浆制作、运输，底层抹灰，抹面层，勾分格缝。

2. 项目特征

需要描述柱（梁）体类型，底层厚度、砂浆配合比，面层厚度、砂浆配合比，装饰面材料种类，分格缝宽度、材料种类。

3. 工程量计算规则

（1）柱面抹灰 按设计图示柱断面周长乘高度以面积计算；

（2）梁面抹灰 按设计图示梁断面周长乘长度以面积计算。

（三）石材柱面

1．工作内容

石材柱面的工作内容包括：基层清理，砂浆制作、运输，粘结层铺贴，面层安装，嵌缝，刷防护材料，磨光、酸洗、打蜡。

2．项目特征

需要描述柱截面类型、尺寸，安装方式，面层材料品种、规格、颜色，缝宽、嵌缝材料种类，防护材料种类，磨光、酸洗、打蜡要求。

3．工程量计算规则

按镶贴表面积计算。

（四）零星木装修油漆

1．工作内容

零星木装修油漆的工作内容包括：基层清理，刮腻子，刷防护材料、油漆。

2．项目特征

需要描述腻子种类，刮腻子遍数，防护材料种类，油漆品种、刷漆遍数。

3．工程量计算规则

按设计图示尺寸以油漆部分展开面积计算。

子项目3 工程计算规则解读

通用项目工程量清单计算规则解读如表2-16所示。

表2-16 通用项目计算规则解读

序号	项 目	说 明
1	概况	本部分包括土方工程、砌体工程、钢筋混凝土工程、木结构工程及装饰工程等项目。适用于园林工程相关的建筑、装饰工程项目
2	有关项目说明	（1）挖基础土方根据基础类型不同分别编码列项 （2）管沟土方指预埋管道时，人工或机械开挖沟槽的土方 （3）砖基础与墙身划分：以设计室内地坪为界，设计室内地坪以下者为基础，以上者为墙身 （4）空斗墙是采用一斗一眠等砌法砌筑的中心有空洞的墙体，具有保温、降低自重的功效 （5）空花墙是漏空砌法砌筑的花墙，多用于围墙或景墙 （6）台阶、挡墙、蹲台、花台等，应按零星砌砖项目 （7）混凝土厚度在12cm以内者为垫层，执行混凝土垫层子目；混凝土厚度在12cm以外者为基础，执行混凝土基础子目 （8）构造柱按矩形柱项目编码列项 （9）异形柱适用于圆形柱、多边形柱或其他非矩形柱项目

续表

序号	项　目	说　　明
3	有关项目特征说明	（1）土壤类别是指一二类土、三类土或四类土 （2）垫层材料种类有混凝土垫层、砂浆垫层、碎石垫层及三合土垫层等 （3）标准砖规格为240mm×115mm×53mm （4）墙体类型指内墙、外墙、围墙、景墙、混水墙及清水墙等 （5）柱高应按柱基上表面至柱顶面的高度计算
4	工程量计算规则说明	（1）挖基础土方的清单工程量计算时不考虑放坡或工作面 （2）管沟土（石）方工程量应按设计图示尺寸以长度计算。有管沟设计时，平均深度以沟垫层底表面标高至交付施工场地标高计算；无管沟设计时，直埋管深度应按管底外表面标高至交付施工场地标高的平均高度计算 （3）砖基础长度：外墙按中心线，内墙按净长线计算 （4）构造柱按全高计算，嵌接墙体部分并入柱身体积
5	有关工作内容说明	（1）挖基础土方项目的工作内容包括排地表水等，如果是挖桩基础土方，还包括截桩头 （2）管沟土方项目的工作内容包括排地表水、土方开挖及放管道之后的土方回填 （3）砖基础项目包括铺设垫层、防潮层等 （4）砖墙压顶有混凝土压顶和砖压顶

子项目4　工程量清单编制示例

【例2-7】某公园绿地埋设喷灌管道，钢管管道直径为600mm，挖管沟深1.4m，长60m，三类土，回填土夯实。计算分部分项工程量，并编制表格。

【解】

管沟土方清单工程量：60m

分部分项工程清单与计价表如表2-17所示：

表2-17　　分部分项工程清单与计价表

工程名称：某公园园林绿化工程　　标段：一标段　　第　页共　页

序号	项目编码	项目名称	项目特征描述	计量单位	工程量	金额/元		
						综合单价	合价	其中
								暂估价
1	010101007001	管沟土方	三类土；管外径600mm；挖沟深度1.4m；夯实回填土	m	60			
本页小计								
合　计								

【例2-8】某公园值班室平面图如图2-33所示。层高3m，屋面板厚度为100mm，挑出外墙400mm，采用C25现浇碎石混凝土；圈梁高度120mm，采用C20现浇碎石混凝土。多孔砖墙厚240mm，尺寸为240mm×115mm×90mm。方整石勒脚高度为600mm，厚度为250mm。砂浆全部采用M5混合砂浆。有亮单扇胶合板木门，M_1尺寸为：2100mm×1000mm，M_2尺寸为：2000mm×900mm。铝合金推拉窗，C_1尺寸为1500mm×1800mm。预制C20碎石混凝土过梁长度为门窗洞口尺寸加500mm，门过梁高度为120mm，窗过梁高度为180mm。天棚抹1∶0.5∶4混合砂浆。计算各分部分项工程量，并编制表格。

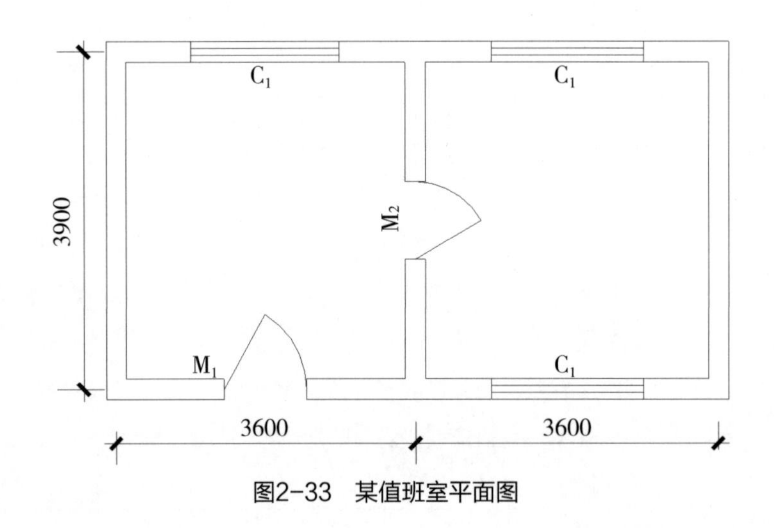

图2-33　某值班室平面图

【解】

（1）现浇混凝土板清单工程量：

$$(3.6\times2+0.24+0.4\times2)\times(3.9+0.24+0.4\times2)\times0.1=4.07\ (\mathrm{m}^3)$$

（2）圈梁清单工程量：

$$0.12\times0.24\times(3.6\times2\times2+3.9\times2+3.9-0.24)=0.74\ (\mathrm{m}^3)$$

（3）过梁清单工程量：

$$0.12\times0.24\times(1+0.5+0.9+0.5)+0.18\times0.24\times(1.8+0.5)\times3=0.38\ (\mathrm{m}^3)$$

（4）石勒脚清单工程量：

$$0.24\times0.6\times(3.6\times2\times2+3.9\times2-1)=3.05\ (\mathrm{m}^3)$$

（5）门清单工程量：M_1：1樘；　M_2：1樘

（6）窗清单工程量：C_1：3樘

（7）多孔砖墙清单工程量：

$$0.24\times(3-0.1-0.12)\times(3.6\times2\times2+3.9\times2+3.9-0.24)-0.24\times(1\times2.1+0.9\times2)-0.24\times1.5\times1.8\times3-3.05=11.32\ (\mathrm{m}^3)$$

（8）天棚混合砂浆工程量：

$$(3.6-0.24)\times(3.9-0.24)\times2=24.60\ (\mathrm{m}^2)$$

分部分项工程清单与计价表如表2-18所示：

表2-18　　分部分项工程清单与计价表

工程名称：某公园建筑装饰工程　　标段：一标段　　第　页共　页

序号	项目编码	项目名称	项目特征描述	计量单位	工程量	金额/元		
						综合单价	合价	其中 暂估价
1	010505003001	平板	C25现浇碎石混凝土	m^3	4.07			
2	010503004001	圈梁	C20现浇碎石混凝土	m^3	0.74			
3	010510003001	过梁	C20预制碎石混凝土	m^3	0.38			
4	010403002001	石勒脚	方整石，M5混合砂浆	m^3	3.05			
5	010801001001	木质门	带亮胶合板木门，门洞尺寸：2100mm × 1000mm	樘	1			
6	010801001002	木质门	带亮胶合板木门，洞口尺寸：2000 mm × 900mm	樘	1			
7	010807001001	铝合金窗	铝合金推拉窗，洞口尺寸：1500 mm × 1800mm	樘	3			
8	010401004001	多孔砖墙	多孔砖尺寸：240mm × 115mm × 90mm，1砖墙厚，M5混合砂浆	m^3	11.32			
9	011301001001	天棚抹灰	混凝土基层，混合砂浆1：0.5：4	m^2	24.60			
本页小计								
合　计								

学后训练

一、基础训练

1. 土壤如何进行分类?
2. 挖土方时为什么要留出工作面?
3. 挖土方时，放坡起点及放坡系数分别是多少?
4. 砌筑工程常用材料有哪些?
5. 垫层材料有哪些?
6. 管沟土方工程量如何计算?

二、单项训练

1. 带形砖基础，墙体厚度为240mm，外墙基槽及外墙基础中心线总长130m，内墙基槽净长线总长125m，内墙基础净长线总长150m；基础断面如图2-34所示，等高大放脚，余土外运250m，墙基防潮层采用1：2防水砂浆，一般土。编制分部分项工程清单与计价表。

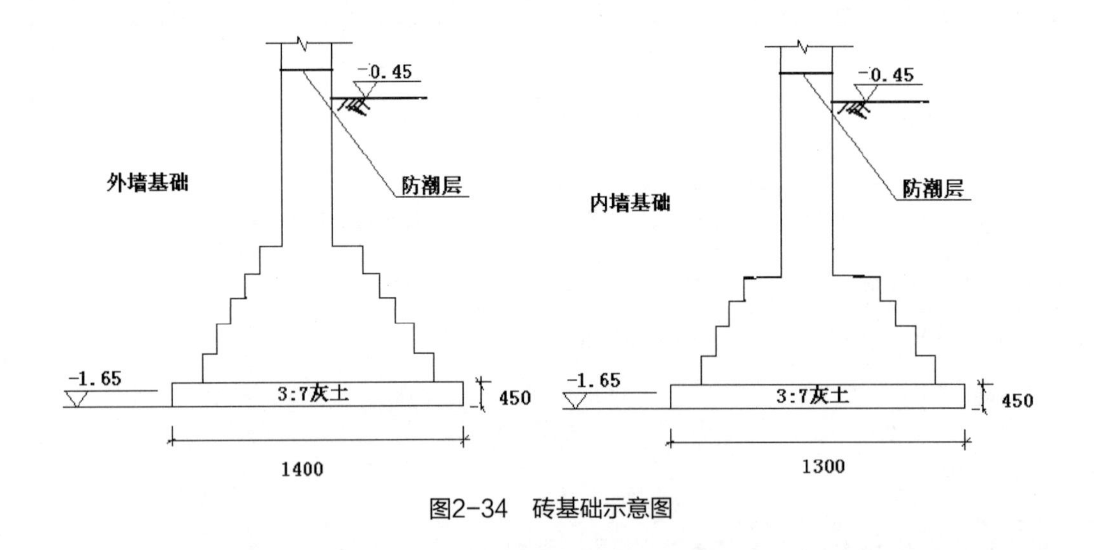

图2-34　砖基础示意图

2. 某工程底层平面图及散水断面如图2-35所示，构造做法如下，混凝土现场加工。编制分部分项工程清单与计价表。

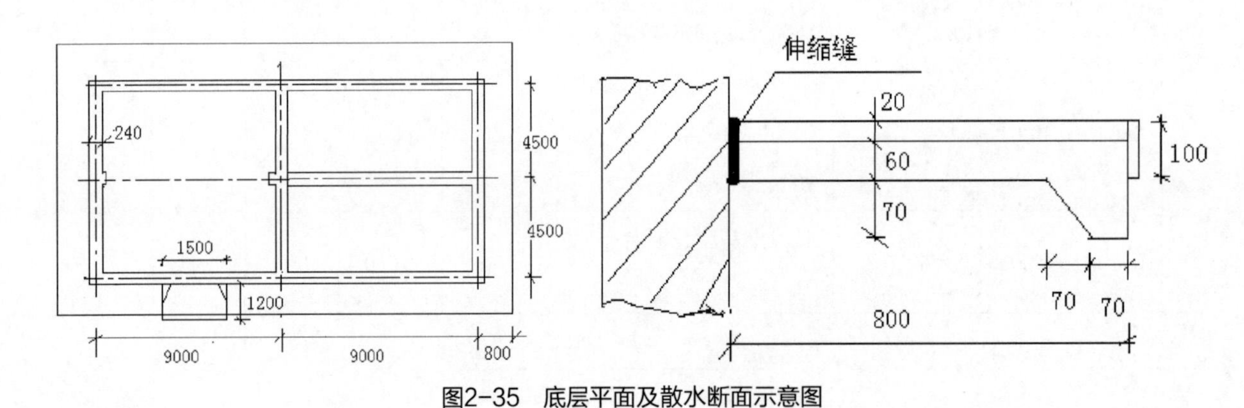

图2-35　底层平面及散水断面示意图

项目5 措施项目清单计量

学习目标：（1）了解措施项目基础知识；

（2）会编制措施项目清单。

学习重点：（1）园林措施项目工程量计算规则；

（2）园林措施项目清单。

学习难点：园林措施项目工程量计算规则。

子项目1 措施项目基础知识

为完成园林绿化工程项目施工，在工程施工前和施工过程中，需要采取相应的技术和组织措施，由此构成非工程实体项目。

措施项目分为施工组织措施项目和施工技术措施项目。施工组织措施项目包括现场文明施工、二次搬运、冬雨季施工、反季节栽植影响措施等。园林施工技术措施项目主要有脚手架工程，模板工程，树木支撑架、草绳绕树干、搭设遮阴（防寒）棚工程，围堰、排水工程。

一、脚手架

（一）概念

脚手架是园林绿化工程施工中常用的临时设施，供工人操作、堆放施工材料以及作为材料的运输通道等之用。

（二）分类

1．按脚手架的用途分类

（1）操作脚手架　如砌筑脚手架、抹灰脚手架、亭脚手架、满堂脚手架、堆塑假山脚手架；

（2）防护用脚手架　主要对在建构造进行保护；

（3）承重、支撑类脚手架　主要用于模板支撑。

2．按搭设类型分类

按搭设类型可分为：单排脚手架［（图2-36（a）］、双排脚手架［（图2-36（b）］和满堂脚手架。

3. 按脚手架的材质与规格分类

（1）木、竹脚手架　以木或竹杆件搭设的脚手架；

（2）钢管脚手架　分为扣件式钢管脚手架和碗扣式脚手架；

（3）门式组合脚手架［图2-36（c）］。

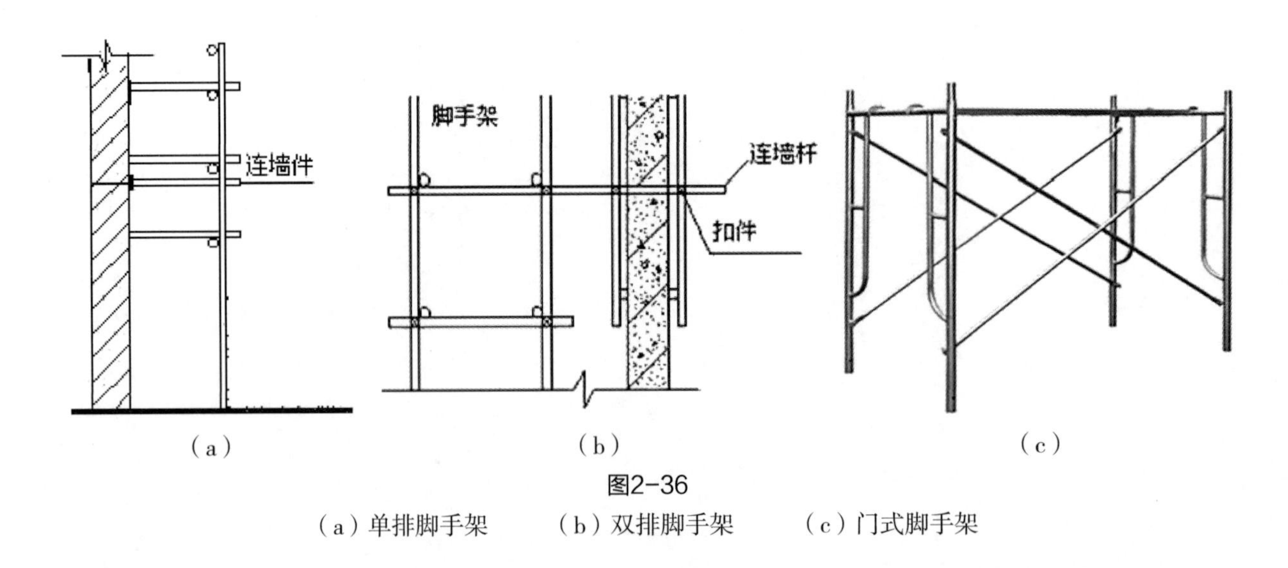

图2-36

（a）单排脚手架　（b）双排脚手架　（c）门式脚手架

二、模板

模板按设计要求制作，使混凝土结构、构件按规定的位置、几何尺寸成型，保持其正确位置，并承受建筑模板自重及作用在其上的荷载。

模板按材料分主要有胶合板模板、钢模板、复合材料模板等。园林绿化工程上主要用于现浇混凝土路面、现浇混凝土花架柱梁等工程部位。

三、树木支撑架、草绳绕树干

（一）树木支撑

新栽树木由于根系尚未扎深扎实，极易摇晃，特别是常绿树和树冠较大的落叶树种，容易被风吹倒。为防止树木倾倒，在树木周围打桩绑扎斜撑，将树干固撑起来，使根系与土壤保持紧密接触，有利于新根生长。

树木支撑材料主要有树棍桩、毛竹桩、预制混凝土桩；支撑方式主要有四脚柱、三脚桩和一字桩。

（二）草绳绕树干

草绳绕树干指树木栽种完成后，将树干用草绳缠绕包裹起来，以减少水分蒸发流失的保湿措施。主要起到保护树木、保暖、保湿的作用。

四、反季节栽植影响措施

春秋两季和初夏雨季，为植物栽植的传统季节。高温、寒冷、干旱时节植树，则为反季节栽植。为保证植物成活，需采取特殊措施。

（一）植物选择

反季节气候环境相对恶劣，所以尽可能挑选长势旺盛、植株健壮、根系发达、生长茁壮、无病虫害的植物。尽量从以下几个方面考虑：选择移植过的“熟货”；采用假植的苗木；采用土球较大的苗木；选择容器苗（盆栽苗）。

（二）土壤的处理

反季节栽植的种植土必须保证足够的厚度且肥沃、疏松、透气和排水性好。栽植前最好对该地区的土壤理化指标进行化验分析，采取相应的消毒、施肥和客土等措施。

（三）植物的运输

植物的运输要符合规范，运输量应根据栽植量确定，植物运到现场后应及时栽植。植物在装车前，应先用草绳、麻布或草包将树干、树枝包好，同时对树身进行喷水，保持草绳、草包的湿润，这样可以减少在运输途中植物自身水分的蒸腾量。植物在装卸车时应轻吊轻放，不得损伤植物和造成散球，起吊带土球小型植物时应用绳网兜土球吊起，不得用绳索缚捆根茎起吊。

（四）规范挖掘栽植穴和土球直径

反季节栽植植物土球大小以及栽植穴尺寸必须达到并尽可能超过标准的要求，树穴尽量放大。对含有建筑垃圾，有害物质的土必须更换，换上种植土，挖穴、槽后，应施入腐熟的有机肥作为基肥并及时回填好，在土层干燥地区应于栽植前做好浸穴工作。

（五）栽植前修剪

反季节植物栽植要加大修剪量，减少叶面呼吸和蒸腾作用。

（六）栽植

植物按照要求栽植后应对植物进行浇水、支撑固定，坡地可采用鱼鳞穴式栽植，栽植植物进场以早、晚为宜，加大雨天施工量。

支撑，宜用扁担桩十字架和三角撑，低矮树可用扁担桩，高大树木可用三角撑，也可用井字塔行架来支撑。

遮阳，搭建遮阳棚，用毛竹或钢管搭成井字架，在井字架上盖上遮阳网，同时对树冠喷雾，树干保湿，保持空气湿润和空气流通。

保土，对人员集散较多的广场、人行道，栽植池应铺设透气护栅对种植土进行保护。

（七）后期管理

树木栽植后养护管理尤为关键，常言道“三分种植、七分管理”，日常养护管理要有较强的针对性，要根据天气状况、土壤环境、苗木的生态习性制订可行的养护管理措施。

盛夏可通过树冠顶部覆盖遮阳网以降低光照强度和温度，同时辅以喷施抗蒸腾剂，减缓水分蒸腾。同时将树干缠绕草绳保湿，是保证植物水分平衡的重要措施。

冬季对气温可能突破所临界低温的植物，采取薄膜覆盖树冠、树干及根系所在地面，以保温、增温。

子项目2 措施项目清单

措施项目主要包括：脚手架工程，模板工程，树木支撑架、草绳绕树干、搭设遮阴（防寒）棚工程，围堰、排水工程，安全文明施工及其他措施项目。

一、脚手架工程

（一）砌筑脚手架

1．工作内容

砌筑脚手架的工作内容包括：场内、场外材料搬运，搭、拆脚手架，铺设安全网，拆除脚手架后材料分类堆放。

2．项目特征

需要描述搭设方式、墙体高度。

3．工程量计算规则

按墙的长度乘墙的高度以面积计算（硬山建筑山墙高算至山尖）。独立砖石柱高度在3.6m 以下时，以柱结构周长乘以柱高计算；独立砖石柱高度在3.6m 以上时，以柱结构周长加3.6m乘以柱高计算。凡砌筑高度在1.5m及以上的砌体，应计算脚手架。

（二）亭脚手架

1．工作内容

亭脚手架的工作内容包括：场内、场外材料搬运，搭、拆脚手架，铺设安全网，拆除脚手架后材料分类堆放。

2．项目特征

需要描述搭设方式、檐口高度。

3．工程量计算规则

（1）以座计量　按设计图示数量计算；

（2）以平方米计量　按建筑面积计算。

（三）堆砌（塑）脚手架

1．工作内容

堆砌（塑）脚手架的工作内容包括：场内、场外材料搬运，搭、拆脚手架，铺设安全网，拆除脚手架后材料分类堆放。

2．项目特征

需要描述搭设方式、假山高度。

3．工程量计算规则

按外围水平投影最大矩形面积计算。

二、模板工程

（一）现浇混凝土路面

1．工作内容

现浇混凝土路面的工作内容包括：制作，安装，拆除，清理，刷隔离剂，材料运输。

2．项目特征

需要描述厚度。

3．工程量计算规则

按混凝土与模板的接触面积计算。

（二）现浇混凝土花架梁

1．工作内容

现浇混凝土花架梁的工作内容包括：制作，安装，拆除，清理，刷隔离剂，材料运输。

2．项目特征

需要描述断面尺寸、梁底高度。

3．工程量计算规则

按混凝土与模板的接触面积计算。

（三）现浇混凝土桌凳

1．工作内容

现浇混凝土桌凳的工作内容包括：制作，安装，拆除，清理，刷隔离剂，材料运输。

2．项目特征

需要描述桌凳形状，基础尺寸、埋设深度，桌面凳面尺寸、支墩高度。

3．工程量计算规则

（1）以立方米计量　按设计图示混凝土体积计算；

（2）以个计量　按设计图示数量计算。

三、树木支撑架、草绳绕树干工程

（一）树木支撑架

1．工作内容

树木支撑架的工作内容包括：制作，运输，安装，维护。

2．项目特征

需要描述支撑类型、材质，支撑材料规格，单株支撑材料数量。

3．工程量计算规则

按设计图示数量以株计算。

（二）草绳绕树干

1．工作内容

草绳绕树干的工作内容包括：搬运，绕杆，余料清理，养护期后清除。

2．项目特征

需要描述胸径（干径）、草绳所绕树干高度。

3．工程量计算规则

按设计图示数量以株计算。

四、围堰工程

1．工作内容

围堰的工作内容包括：取土、装土，堆筑围堰，拆除、清理围堰，材料运输。

2. 项目特征

需要描述围堰断面尺寸、围堰长度、围堰材料及灌装袋材料品种、规格。

3. 工程量计算规则

（1）以立方米计量　按围堰断面面积乘以堤顶中心线长度以体积计算；

（2）以米计量　按围堰堤顶中心线长度以延长米计算。

子项目3　工程计算规则解读

措施项目工程量清单计算规则解读见表2-19所示。

表2-19　措施项目计算规则解读

序号	项　目	说　　明
1	概况	本部分包括脚手架工程，模板工程，树木支撑架、草绳绕树干、搭设遮阴（防寒）棚工程，围堰、排水工程，安全文明施工及其他措施项目。适用于园林绿化工程措施项目
2	有关项目说明	（1）亭脚手架用于亭廊浇捣混凝土柱或安装木柱、屋面 （2）满堂脚手架是指当层高超过3.6m以上时，室内平顶需要抹灰或者做吊顶而搭设的一种脚手架 （3）现浇混凝土垫层和现浇混凝土路面、现浇混凝土路牙模板应分别编码列项 （4）反季节栽植影响措施指由于工程实际需要，栽植工作必须在非适宜季节进行，为确保植物的成活率而采取的综合性措施 （5）排水后，干湿土壤的划分不再以原水位线为界
3	有关项目特征说明	（1）脚手架搭设方式包括：单排脚手架、双排脚手架、里脚手架、满堂脚手架等 （2）亭檐口高度指设计室外地坪至檐口标高处的高度 （3）现浇混凝土模板材料种类有钢模板、木模板、胶合板模板等 （4）草绳绕树干项目特征应描述草绳所绕树干的高度，而非草绳的长度
4	工程量计算规则说明	（1）亭脚手架以座计量或者以平方米计量 （2）现浇混凝土桌凳以立方米或个计量
5	有关工作内容说明	（1）搭设脚手架的工作内容包括铺设安全网 （2）不同的模板材料应刷不同的脱模剂，起到隔离和润滑作用，对脱模有利，可以使混凝土制品表面平滑

子项目4　措施项目清单编制示例

【例2-9】某公园堆塑假山工程，高5m，水平投影最大矩形长度为4m，宽度为3m。计算单价措施项目工程量，并编制表格。

【解】

堆塑假山脚手架清单工程量：$3\times4=12$（m^2）

单价措施项目清单与计价表见表2-20：

表2-20　单价措施项目清单与计价表

工程名称：某公园园林绿化工程　　标段：一标段　　第　页共　页

序号	项目编码	项目名称	项目特征描述	计量单位	工程量	金额/元	
						综合单价	合价
1	050401005001	堆塑假山脚手架	单排脚手架，假山高度：5m	m^2	12		
本页小计							
合　计							

【例2-10】根据【例2-2】计算现浇混凝土路面模板单价措施项目工程量，并编制表格。

【解】

现浇混凝土路面模板清单工程量：

（$50+2.2$）$\times2\times0.14=14.62$（m^2）

单价措施项目清单与计价表见表2-21所示：

表2-21　单价措施项目清单与计价表

工程名称：某小区园林绿化工程　　标段：一标段　　第　页共　页

序号	项目编码	项目名称	项目特征描述	计量单位	工程量	金额/元	
						综合单价	合价
1	050402002001	现浇混凝土路面模板	路面厚度为14cm，钢模板	m^2	14.62		
本页小计							
合　计							

【例2-11】根据【例2-1】，树木支撑架采用三脚树棍桩，树棍长1.2m，每株需3根树棍，草绳绕树干高度为1.2m。计算单价措施项目工程量，并编制相应表格。

【解】

（1）树木支撑清单工程量：22株

（2）草绳绕树干清单工程量：22株

单价措施项目清单与计价表见表2-22所示：

表2-22　　单价措施项目清单与计价表

工程名称：某公园绿化工程　　标段：一标段　　第　页共　页

序号	项目编码	项目名称	项目特征描述	计量单位	工程量	金额/元	
						综合单价	合价
1	050403001001	树木支撑架	三脚树棍桩，树棍长1.2m，单株支撑树棍3根	株	22		
2	050403002001	草绳绕树干	胸径15cm，草绳绕树干高度1.2m	株	22		
本页小计							
合　计							

一、基础训练

1. 脚手架工程量如何计算？
2. 草绳绕树干需要描述哪些项目特征？

二、单项训练

1. 根据【例2-3】，计算现浇混凝土路面模板单价措施项目工程量，并编制表格。
2. 根据【例2-8】，计算现浇混凝土屋面模板单价措施项目工程量，并编制表格。

第三篇
园林绿化工程工程量清单计价编制

园林工程采用招投标方式进行发包时，为准确计算招标控制价、投标报价，必须依据招标文件中的工程量清单，结合工程所在地的企业定额、造价管理文件及施工组织设计等进行工程项目相关价格的计算。计算园林工程的计价工程量、正确编制投标文件，是中标工程实施阶段造价控制的基础。

采用工程量清单计价模式，任何专业工程在计价时依据的均是项目所在地的本专业标准，由于计价标准受地域的影响极大，会因工程所在地域不同而出现量值的差别，据此计算的项目计价工程量都具有“地域不同”的特点。

本书在编制过程中，清单计价使用的定额为河南省定额（以下简称某省定额），读者学习时可参照该定额。其他地区的使用者，可以参考本地区的定额及相关规定。

项目1 绿化工程清单计价

学习目标：（1）熟悉绿化工程计价基础知识；

（2）会编制绿化工程量清单计价表。

学习重点：（1）绿化工程清单计价；

（2）绿化工程分部分项工程清单与计价表。

学习难点：绿化工程清单组价方法。

子项目1 计价说明

绿化工程各分部分项工程套用某省定额，计算其分部分项工程费。相关说明如下：

（1）定额工作内容包括种植前的准备、种植时的用工用料和机械使用费，以及花坛栽培后10天以内的养护工作。

（2）绿化工程以原土回填为准，如需换土，按“换土”定额另行计算。

（3）绿化工程均包括施工地点50m范围以内的材料搬运。

（4）凡绿化工程用地，自然地坪与设计地坪相差在±30cm以内时，执行人工整理绿化用地相应子目；凡在±30cm以外时，则分别执行挖土方或回填土相应定额子目。

（5）砍挖灌木林每1000m^{2}包含220棵以下为稀，220棵以上为密。

（6）绿地喷灌地下直埋管道的土方工程，执行土方工程相应项目有关规定。

（7）后期管理费是指已经竣工验收的绿化工程，对其栽植的苗木、绿篱等植物连续累计12个月（一年）成活所发生的浇水、施肥、防治病虫害、修剪、除草及维护等管理费用。若分月承包则按表3-1所示的系数执行。

表3-1 分月承包系数表

时间/月	1	2	3	4	5	6	7	8	9	10	11	12
系数	0.2	0.3	0.37	0.44	0.51	0.58	0.65	0.72	0.79	0.85	0.93	1.00

（8）养护期指招标文件中要求苗木栽植后承包人负责养护的时间。

（9）养护期可按后期管理费相应子目执行，超过后期管理费期限所发生的费用双方约定。

（10）苗木栽植项目，如苗木由市场购入，投标人则不计起挖苗木、临时假植、苗木包装、装卸押运、回土填塘等的价值，以苗木到达施工现场的价格为准。

（11）整理绿化用地排地表水按实际发生计算。

子项目2 工程量清单计价编制示例

【例3-1】根据【例2-1】业主提供的表2-2，对相应的分部分项工程进行计价，并编制表格。

【解】

（1）整理绿化用地

根据某省园林绿化工程工程量清单综合单价，整理绿化用地（定额编号1-22）：31.96元/10m^2。整理绿化用地的综合单价为：3.20元/m^2，合价：

$$2000 \times 31.96 \div 10=6392\text{（元）}$$

（2）栽植乔木

根据某省园林绿化工程工程量清单综合单价：

① 栽植乔木，胸径6cm以内（定额编号1-71）：5.92元/株

② 胸径5cm合欢的市场价格（到达施工现场的价格）：60元/株

③ 后期管理费（定额编号1-80）：32.97元/株，养护期3个月系数为0.37，养护期3个月的养护费用为

$$32.97 \times 0.37=12.20\text{（元）}$$

则栽植乔木的综合单价为

$$5.92+60+12.20=78.12\text{（元/株）}$$

栽植乔木的合价为

$$78.12 \times 22=1718.64\text{（元）}$$

（3）栽植绿篱

根据某省园林绿化工程工程量清单综合单价：

① 栽植绿篱（双排），高60cm以内（定额编号1-143）：56.26元/10m

② 高60cm小叶女贞的市场价格（到达施工现场的价格）：0.5元/株，其株距为0.5m，故女贞的总株数为

$$(20 \div 0.5+1) \times 2 \times 2=164\text{（株）}$$

③ 后期管理费（定额编号1-147）：13.76元/m，养护期3个月系数为0.37，养护期3个月的养护费用为

$$13.76 \times 0.37=5.09\text{（元/m）}$$

则栽植绿篱的合价为：

$$56.26 \div 10 \times 40+0.5 \times 164+5.09 \times 40=510.64\text{（元）}$$

栽植绿篱的综合单价为

$$510.64 \div 40=12.77\text{（元/m）}$$

（4）草皮铺种

采用某省园林绿化工程工程量清单综合单价：

① 草皮铺种，满铺（定额编号1-185）：120.57元/10m^2

② 早熟禾的市场价格（到达施工现场的价格）：4元/m^2，铺种草皮的消耗量为11m^2/10m^2，故每10m^{2}草皮铺种早熟禾的价格为

$$11 \times 4=44（元/10m^2）$$

③ 后期管理费冷草（定额编号1-190）：9.51元/m^2，即95.1元/10m^2，则草皮铺种的综合单价为

$$（120.57+44+95.1）\div 10=25.97（元）$$

草皮铺种的合价为

$$25.97 \times 1800=46746（元）$$

计价表格如表3-2、表3-3所示：

表3-2　　分部分项工程清单与计价表

工程名称：某公园绿化工程　　标段：一标段　　第　页共　页

序号	项目编码	项目名称	项目特征描述	计量单位	工程量	金额/元		
						综合单价	合价	其中暂估价
1	050101010001	整理绿化用地	普坚土	m^2	2000	3.20	6392	
2	050102001001	栽植合欢	裸根合欢，胸径15cm，养护期3个月	株	22	78.12	1718.64	
3	050102005001	栽植女贞	小叶女贞，双排，高60cm，养护期3个月	m	40	12.77	510.64	
4	050102012001	铺种早熟禾	满铺早熟禾，养护期1年	m^2	1800	25.97	46746	
本页小计								
合　计								

表3-3　　综合单价分析表

工程名称：某公园绿化工程　　标段：一标段　　第　页共　页

项目编码	050102001001	项目名称	栽植合欢	计量单位	株	工程量	1				
清单综合单价组成明细											
定额编号	定额项目名称	定额单位	数量	单价				合价			
				人工费	材料费	机械费	管理费和利润	人工费	材料费	机械费	管理费和利润
1-71	栽植乔木	株	1	3.87	0.20	—	1.85	3.87	0.20	—	1.85
1-80	后期管理费	株	0.37	13.07	11.66	1.88	6.36	13.07	11.66	1.88	6.36
人工单价		小计									

续表

项目编码	050102001001	项目名称	栽植合欢	计量单位	株	工程量	1
43元/工日	未计价材料费			60			
清单项目综合单价				78.12			
材料费明细	主要材料名称、规格、型号	单位	数量	单价/元	合价/元	暂估单价/元	暂估合价/元
	裸根合欢，胸径5cm	株	1	60	60		
	农药（综合）	kg	0.080	23.40	1.872		
	其他材料费			—	10.00		
	材料费小计			—	71.87		

学后训练

一、基础训练

1．整理绿化用地、挖土方怎样区分？

2．苗木栽植项目计算费用时应当考虑哪些方面？

3．绿化项目后期管理费如何计算？

二、单项训练

1．某中学局部绿化如图3-1所示。计算绿化工程各分部分项工程量及费用，并编制表格。

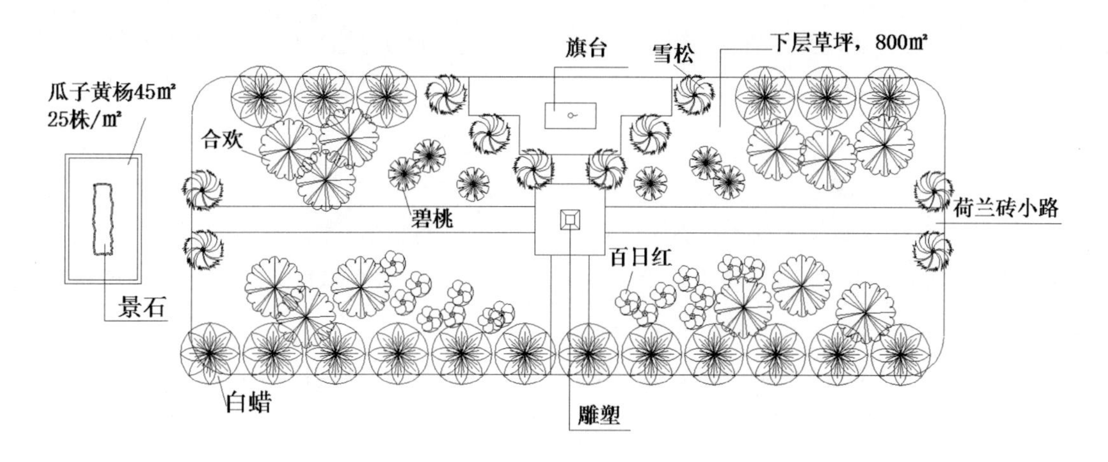

图3-1　局部绿化图

2．某小区绿化地需要清除草皮，面积为200m^2，用履带式推土机铲草皮。根据企业定额，计算分部分项工程量及费用，并绘制表格。

项目2 园路、园桥工程清单计价

学习目标：（1）熟悉园路、园桥工程计价知识；

（2）会编制园路、园桥工程量清单计价表。

学习重点：（1）园路、园桥工程计价；

（2）园路、园桥工程分部分项工程清单与计价表。

学习难点： 园路园桥工程清单组价方法。

子项目1 计价说明

园路、园桥工程各分部分项工程套用某省定额计算分部分项工程费。相关说明如下：

（1）园路、地坪定额已包括结合层，但不包括垫层，垫层另行计算。园路垫层定额子目也适用于基础垫层，但人工要乘以系数1.10。整理路床是指厚度在30cm内挖填、夯实、整形。

（2）路牙、路缘材料与路面材料相同时，工程量并入路面工程量内计算，不另套路牙子目。

（3）砖地面、卵石地面和瓷片地面定额已包括砍砖、筛选、清洗石子、瓷片等的工料，不另计算。

（4）“人字纹”、“席纹”铺砖地面按“拐子锦”定额计算，“龟背锦”按“八方锦”定额计算。

（5）满铺卵石拼花地坪，系指在满铺卵石地坪中用卵石拼花。若在满铺卵石地坪中用砖或瓦片时，拼花部分按相应地坪定额计算，定额人工乘以系数1.5。满铺卵石地坪，如需分色拼花时，定额人工乘以系数1.2。

（6）本定额用于山丘坡道时，其垫层、路面、路牙等项目，分别按相应定额子目的定额人工乘以系数1.4，其他不变。

（7）混凝土园路设置伸缩缝时，预留或切割伸缩缝及嵌缝材料应包括在组价内。

（8）石桥基础在施工时，根据施工方案规定需筑围堰时，筑拆围堰的费用，应在措施项目费内计算。

（9）垫层按图示面积乘厚度以体积计算，应扣除面积在0.3m^2以上的孔洞所占体积。如设计不明确时，园路垫层宽度：带路牙者，可按路面宽度加20cm计算；无路牙者，可按路面宽度加10cm计算，加宽部分在组价时考虑。

子项目2 工程量清单计价编制示例

【例3-2】根据【例2-2】业主提供的表2-4，对相应的分部分项工程进行计价，并编制表格。

【解】

（1）园路

根据某省园林绿化工程工程量清单综合单价：

① 土基整理路床（定额编号2-1）：29.16元/10m^2，园路长度为50m

另根据相关规定，带路牙者，土基宽度为路面宽度加上20cm，则土基整理路床的计价工程量为

$$(2.2+0.2)\times 50=120\ (m^2)$$

土基整理路床的总价为

$$120\times 29.16\div 10=349.92\ (元)$$

② 灰土垫层（定额编号2-154）：112.46元/m^3，园路长度为50m

另根据相关规定，带路牙者，垫层宽度为路面宽度加上20cm，则灰土垫层的计价工程量为

$$(2.2+0.2)\times 50\times 0.1=12\ (m^3)$$

灰土垫层的总价为

$$12\times 112.46=1349.52\ (元)$$

③ 园路，纹形现浇混凝土路面厚12cm（定额编号2-2）：365.72元/10m^2，其中碎石混凝土为C15，需换算为C20碎石混凝土。已知C15混凝土单价为160.79元/m^3，C20混凝土单价为170. 97元/m^3，其消耗量为1.220m^3/10m^2，换算后园路单价为

$$365.72+(170.97-160.79)\times 1.220=378.14\ (元/10m^2)$$

每增加1cm（定额编号2-4）：24.04元/10m^2，其中碎石混凝土为C15，需换算为C20碎石混凝土。已知C15混凝土单价为160.79元/m^3，C20混凝土单价为170. 97元/m^3，其消耗量为0.100m^3/10m^2，换算后每增加1cm单价为

$$24.04+(170.97-160.79)\times 0.100=25.06\ (元/10m^2)$$

则纹形现浇混凝土路面厚14cm的单价为

$$378.14+25.06\times (14-12)=428.26\ (元/10m^2)$$

园路路面总价为

$$428.26\div 10\times 110=4710.86\ (元)$$

则园路的合价为

$$349.92+1349.52+4710.86=6410.30\ (元)$$

园路的综合单价为

$$6410.30\div 110=58.28\ (元/m^2)$$

（2）路牙铺设

根据某省园林绿化工程工程量清单综合单价，路牙铺设、侧石混凝土块（定额编号2-44）：397.25元/10 m。则路牙铺设的综合单价为：39.73元/m，路牙铺设的合价为

$$39.73\times 100=3973\ (元)$$

计价表格如表3-4~表3-6所示：

表3-4　　分部分项工程清单与计价表

工程名称：某小区园林绿化工程　　标段：一标段　　第　页共　页

序号	项目编码	项目名称	项目特征描述	计量单位	工程量	金额/元		
						综合单价	合价	其中 暂估价
1	050201001001	园路	素土夯实；3∶7灰土垫层，厚10cm；纹形现浇混凝土园路，厚14cm、宽2.2m，C20碎石混凝土	m^2	110	58.28	6410.30	
2	050201003001	路牙铺设	混凝土块	m	100	39.73	3973	
本页小计								
合　计								

表3-5　　综合单价分析表

工程名称：某小区园林绿化工程　　标段：一标段　　第　页共　页

项目编码	050201001001	项目名称	园路	计量单位	m^2	工程量	1

清单综合单价组成明细											
定额编号	定额项目名称	定额单位	数量	单价				合价			
				人工费	材料费	机械费	管理费和利润	人工费	材料费	机械费	管理费和利润
2-1	土基整理路床	$10m^2$	0.109	19.35			9.81	2.11			1.07
2-154	3∶7灰土	m^3	0.109	34.36	55.87	4.81	17.42	3.75	6.09	0.52	1.90
（2-2）换	现浇混凝土路面厚12cm（纹形）	$10m^2$	0.1	91.50	236.34	3.36	46.94	9.15	23.63	0.34	4.69
（2-4）换	现浇混凝土路面厚12cm（每增加1cm）	$10m^2$	0.2	4.82	17.57	0.20	2.49	0.96	3.51	0.04	0.50
人工单价		小计						15.97	33.23	0.90	8.16
43元/工日		未计价材料费									
清单项目综合单价								58.26			

材料费明细	主要材料名称、规格、型号	单位	数量	单价/元	合价/元	暂估单价/元	暂估合价/元
	现浇碎石混凝土 C20	m^3	0.142	170.97	24.28		
	灰土	m^3	0.110	54.51	6.00		
	其他材料费			—	2.96	—	
	材料费小计			—	33.24	—	

表3-6 综合单价分析表

工程名称：某小区园林绿化工程　　标段：一标段　　第 页共 页

项目编码	050201003001	项目名称	路牙铺设	计量单位	m	工程量	1

清单综合单价组成明细											
定额编号	定额项目名称	定额单位	数量	单价				合价			
				人工费	材料费	机械费	管理费和利润	人工费	材料费	机械费	管理费和利润
2-44	侧石（混凝土块）	10m	0.1	60.20	305.73	0.80	30.52	6.02	30.57	0.08	3.05
人工单价		小计						6.02	30.57	0.08	3.05
43元/工日		未计价材料费									
清单项目综合单价								39.72			

材料费明细	主要材料名称、规格、型号	单位	数量	单价/元	合价/元	暂估单价/元	暂估合价/元
	混凝土侧石（立缘石）	m	1	26	26		
	水泥砂浆1：3	m^3	0.012	195.94	2.35		
	其他材料费			—	2.22		
	材料费小计			—	30.57		

学后训练

一、基础训练

1. 园路的垫层工程量是否计入园路清单项目？园路垫层费用是否计入园路清单计价中？

2. 分色拼花地坪如何套用定额计价？

二、单项训练

1. 某2m宽园路，路牙采用1000mm×150mm×150mm芝麻灰花岗岩石，路面采用600mm×300mm×30mm芝麻灰花岗岩铺装，30厚1：3水泥砂浆粘接，基层做法为：80厚C15素混凝土垫层，100厚碎石垫层，素土夯实。计算各分部分项工程量及费用，并编制表格。

2．某小区停车场采用嵌草砖铺装，如图3-2、图3-3所示。计算各分部分项工程量及费用，并编制表格。

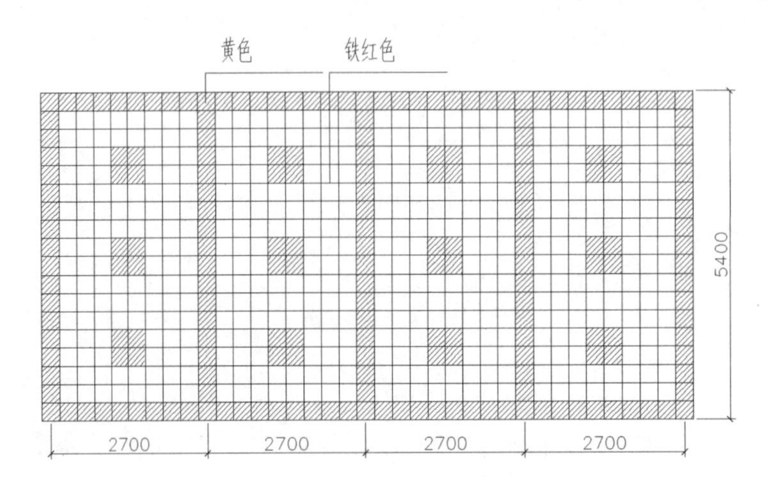

图3-2　停车场平面图

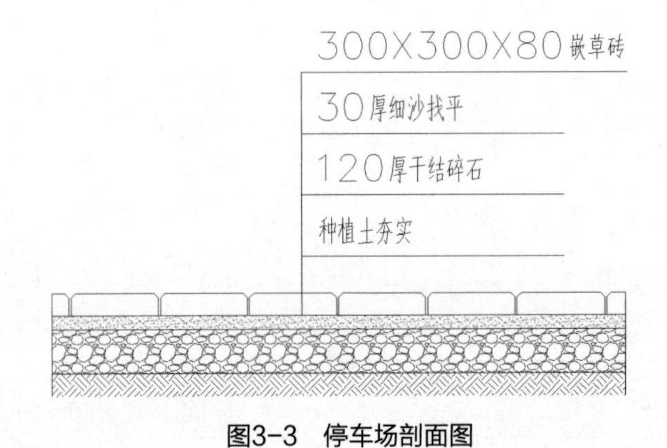

图3-3　停车场剖面图

项目3 园林景观工程清单计价

学习目标：（1）熟悉园林景观工程计价知识；

（2）会编制园林景观工程量清单计价表。

学习重点：（1）园林景观工程计价；

（2）园林景观工程分部分项工程清单与计价表。

学习难点： 园林景观工程清单组价方法。

子项目1 计价说明

园林景观工程各分部分项工程套用某省定额计算分部分项工程费。相关说明如下：

（1）钢网钢骨架塑假山、布置景石、峰等均未包括土方、基础费用。

（2）砖骨架塑假山已包括土方、基础垫层、砖骨架的费用。

（3）钢网钢骨架塑假山不包括钢骨架的制作、安装，另套相应项目计算。

（4）堆砌石假山、塑假山工程均未包括脚手架费用。

（5）山石挡土墙（包括山坡蹬道两边的山石挡土墙），执行山石护角相应定额子目。

（6）水磨石景窗如有装饰线或设计要求弧形或圆形者，定额工日乘以系数1.3，其他不变。

（7）树皮、麦草、山草及丝（思）毛草的亭屋面定额内，包括檩子、椽子。

（8）原木（带树皮）柱、梁、檩、椽、墙为保持自然风趣均为带树皮原木构件，以梢径按材积表计算为准。

（9）标志牌的安装费按实际发生另计。

（10）石灯是以使用青白石等普坚石制作为准。若用花岗石制作，其定额工日乘以系数1.35。石灯制作安装是按其组成件分项列编子目，以适应实际工程中的不同组合方式。

子项目2 工程量清单计价编制示例

【例3-3】根据【例2-3】业主提供的表2-6表格，对相应的分部分项工程进行计价，并编制表格。

【解】

（1）原木柱

根据某省园林绿化工程工程量清单综合单价，原木柱（定额编号3-1）：1784.13元 / m^3。原木柱检尺径为20cm，检尺长为6m，根据原木材体积表，查得体积为0.264m^3，10根原木的计价工程量（总体积）为

$$V=0.264\times10=2.64（m^3）$$

则原木柱的合价为

$$2.64\times1784.13=4710.10（元）$$

原木柱的综合单价为

$$4710.10\div60=78.50（元/m）$$

（2）现浇混凝土凳

根据某园林绿化工程工程量清单综合单价，现浇混凝土桌（定额编号3-60）：429.18元/ m^3。凳子的计价工程量（体积）：

$$V_{凳}=\pi\times0.22\times0.5\times4=0.25（m^3）$$

则现浇混凝土凳的合价为

$$0.25\times429.18=107.30（元）$$

现浇混凝土凳的综合单价为

$$107.30\div4=26.83（元/个）$$

（3）现浇混凝土桌

根据某省园林绿化工程工程量清单综合单价，现浇混凝土桌（定额编号3-60）：429.18元/ m^3。桌子的计价工程量（体积）：

$$V_{桌}=\pi\times0.52\times0.05+0.7\times0.4\times0.2=0.10（m^3）$$

则现浇混凝土桌的合价为

$$0.10\times429.18=42.92（元）$$

现浇混凝土桌的综合单价为

$$42.92\div1=42.92（元/个）$$

（4）垫层（混凝土）

根据某省建筑工程工程量清单综合单价，基础垫层（定额编号4-13）：2488.23元/10m^3。则垫层综合单价为：248.82元/m^3，合价为

$$2488.23\div10\times0.05=12.44（元）$$

（5）垫层（粗砂）

根据某省装饰装修工程工程量清单综合单价，地面垫层（定额编号1-138）：1185.88元/10m^3。则垫层综合单价为：118.59元/m^3，合价为

$$1185.88\div10\times0.05=5.93（元）$$

相关表格如表3-7、表3-8所示：

表3-7 **分部分项工程清单与计价表**

工程名称：某小区园林绿化工程　　　　标段：二标段　　　　第　页共　页

序号	项目编码	项目名称	项目特征描述	计量单位	工程量	金额/元		
						综合单价	合价	其中
								暂估价
1	050302001001	原木柱	松木；梢径200mm；防护材料为煤焦油	m	60	78.50	4710.10	
2	050305004001	现浇混凝土凳	圆形凳子；凳面半径200mm；支墩高500mm	个	4	26.83	107.30	
3	050305004002	现浇混凝土桌	圆形桌子；桌面半径500mm；支墩长400mm，宽200mm，高700mm	个	1	42.92	42.92	
4	010501001001	垫层	C10现浇碎石混凝土	m^3	0.05	248.82	12.44	
5	010501001002	垫层	粗砂垫层	m^3	0.05	118.59	5.93	
本页小计								
合　计								

表3-8 **综合单价分析表**

工程名称：某小区园林绿化工程　　　　标段：二标段　　　　第　页共　页

项目编码	050302001001	项目名称	原木柱	计量单位	m	工程量	1				
清单综合单价组成明细											
定额编号	定额项目名称	定额单位	数量	单价				合价			
				人工费	材料费	机械费	管理费和利润	人工费	材料费	机械费	管理费和利润
3-1	原木柱	m^3	0.044	311.75	1315.28	1.22	155.88	13.72	57.87	0.05	6.86
人工单价		小　计									
43元/工日		未计价材料费									
清单项目综合单价								78.50			
材料费明细	主要材料名称、规格、型号				单位	数量		单价/元	合价/元	暂估单价/元	暂估合价/元
	原木				m^3	0.046		1250	57.75		
	其他材料费							—	0.12		
	材料费小计							—	57.87		

【例3-4】根据【例2-4】业主提供的表2-7表格，对相应的分部分项工程进行计价，并编制表格。

【解】

（1）石笋

根据某省园林绿化工程工程量清单综合单价，石笋、高度2m以内（定额编号2-192）：4270.64元/10支。则石笋的综合单价为427.06元/支，石笋的合价为

$$427.06 \times 1=427.06（元）$$

（2）石笋

根据某省园林绿化工程工程量清单综合单价，石笋、高度4m以内（定额编号2-194）：18390.89元/10支。则石笋的综合单价为1839.09元/支，石笋的合价为

$$1839.09 \times 1=1839.09（元）$$

（3）石笋

根据某省园林绿化工程工程量清单综合单价，石笋、高度3m以内（定额编号2-193）：10379.52元/10支。则石笋的综合单价为1037.95元/支，石笋的合价为

$$1037.95 \times 1=1037.95（元）$$

相关表格如表3-9所示：

表3-9　　　　分部分项工程清单与计价表

工程名称：某小区园林绿化工程　　　　标段：二标段　　　　第　页共　页

序号	项目编码	项目名称	项目特征描述	计量单位	工程量	金额/元		
						综合单价	合价	其中 暂估价
1	050301004001	石笋	石笋，高1.8m；1：2水泥砂浆	支	1	427.06	427.06	
2	050301004002	石笋	石笋，高3.6m；1：2水泥砂浆	支	1	1839.09	1839.09	
3	050301004003	石笋	石笋，高3m；1：2水泥砂浆	支	1	1037.95	1037.95	
本页小计								
合　计								

【例3-5】根据【例2-5】业主提供的表2-8表格，对相应的分部分项工程进行计价，并编制表格。

【解】

（1）喷泉管道

根据某省园林绿化工程工程量清单综合单价：

① 室外镀锌钢管安装（定额编号3-76）：49.40元/10m；单价中未含主材费，其中DN30镀锌钢

管单价为21元/m，其消耗量为10.10m/10m，故室外镀锌钢管安装价格为

$$49.40+21 \times 10.15=262.55（元）$$

② 螺纹阀门安装（定额编号3–87）：14.83元/个；单价中未含主材费，其中DN30螺纹阀门单价为50元/个，其消耗量为1.01个/个，故螺纹阀门安装价格为

$$14.83+50 \times 1.01=65.33（元）$$

③ 雪松喷头（定额编号3–97）：1.95元/套；单价中未含主材费，其中DN40雪松喷头单价为5元/个，其消耗量为1个/套，故雪松喷头价格为

$$1.95+5=6.95（元）$$

则喷泉管道的合价为

$$262.55+65.33+6.95=334.83（元）$$

喷泉管道的综合单价为

$$334.83 \div 10=33.48（元/m）$$

（2）喷泉管道

根据某省园林绿化工程工程量清单综合单价：

① 室外镀锌钢管安装（定额编号3–74）：45.23元/ 10m；单价中未含主材费，其中DN20镀锌钢管单价为15元/m，其消耗量为10.15m/10m，故室外镀锌钢管安装价格为

$$（45.23+15 \times 10.15）\div 10 \times 19=375.21（元）$$

② 螺纹阀门安装（定额编号3–85）：9.83元/个；单价中未含主材费，其中DN20螺纹阀门单价为45元/个，其消耗量为1.01个/个，故螺纹阀门安装价格为

$$（9.83+45 \times 1.01）\times 2=102.56（元）$$

③ 喇叭花喷头（定额编号3–99）：1.16元/套；单价中未含主材费，其中DN25喇叭花喷头单价为30元/个，其消耗量为1个/套，故喇叭花喷头价格为

$$1.16+30=31.16（元）$$

则喷泉管道的合价为

$$375.21+102.56+31.16=508.93（元）$$

喷泉管道的综合单价为

$$508.93 \div 19=26.79（元/m）$$

（3）喷泉管道

根据某省园林绿化工程工程量清单综合单价：

① 室外镀锌钢管安装（定额编号3–77）：55.23元/ 10m；单价中未含主材费，其中DN35镀锌钢管单价为25元/m，其消耗量为10.15m/10m，故室外镀锌钢管安装价格为

$$（55.23+25 \times 10.15）\div 10 \times 9.6=306.22（元）$$

② 螺纹阀门安装（定额编号3–88）：22.95元/个；单价中未含主材费，其中DN35螺纹阀门单价为60元/个，其消耗量为1.01个/个，故螺纹阀门安装价格为

$$22.95+60 \times 1.01=83.55（元）$$

则喷泉管道的合价为

$$306.22+83.55=389.77（元）$$

喷泉管道的综合单价为

$$389.77 \div 9.6=40.60\text{（元/m）}$$

相关表格如表3-10所示：

表3-10　　分部分项工程清单与计价表

工程名称：某公共绿地园林工程　　标段：二标段　　第　页共　页

序号	项目编码	项目名称	项目特征描述	计量单位	工程量	金额/元		
						综合单价	合价	其中 暂估价
1	050306001001	喷泉管道	镀锌钢管输水管，螺纹连接；DN30；1个螺纹阀门DN30；1套雪松喷头DN40	m	10	33.48	334.83	
2	050306001002	喷泉管道	镀锌钢管输水管，螺纹连接；DN20；2个螺纹阀门DN20；1套喇叭花喷头DN25	m	19	26.79	508.93	
3	050306001003	喷泉管道	镀锌钢管泄水管，螺纹连接；DN35；1个螺纹阀门DN35	m	9.6	40.60	389.77	
本页小计								
合　计								

【例3-6】根据【例2-6】业主提供的表2-9所示，对相应的分部分项工程进行计价，并编制表格。

【解】

标志牌

根据某省园林绿化工程工程量清单综合单价：

① 木标志牌制作（带雕花边框）（定额编号3-200）：1089.40元 / m^2

② 木标志牌刻字（定额编号3-202）：503.10元 / m^2

③ 木标志牌混色油漆（定额编号3-203）：71.23元 / m^2

则木标志牌单价为

$$1089.40+503.10+71.23=1663.73\text{（元 / }m^2\text{）}$$

木标志牌计价工程量为

$$0.32\times 12=3.84\,(m^2)$$

则标志牌合价为

$$3.84\times 1663.73=6388.72\text{（元）}$$

标志牌综合单价为

$$6388.72 \div 12=532.39 \text{（元/个）}$$

相关表格如表3-11所示：

表3-11　　分部分项工程清单与计价表

工程名称：某公园园林绿化工程　　标段：二标段　　第　页共　页

序号	项目编码	项目名称	项目特征描述	计量单位	工程量	金额/元		
						综合单价	合价	其中 暂估价
1	050307009001	标志牌	木标志牌；带雕花边框；刻字；红色及白色醇酸磁漆	个	12	532.39	6388.72	
本页小计								
合　计								

学后训练

一、基础训练

1. 砖骨架、钢网钢骨架塑假山在布置景石、峰时，其土方、基础垫层的费用如何计算？
2. 钢网钢骨架塑假山时，其钢骨架的制作、安装如何计算？
3. 假山工程计量与计价时，应注意哪些问题？

二、综合项目训练

1. 某标志牌如图3-4所示，根据相关企业定额或本省综合单价，计算分部分项工程量及费用，并编制表格。

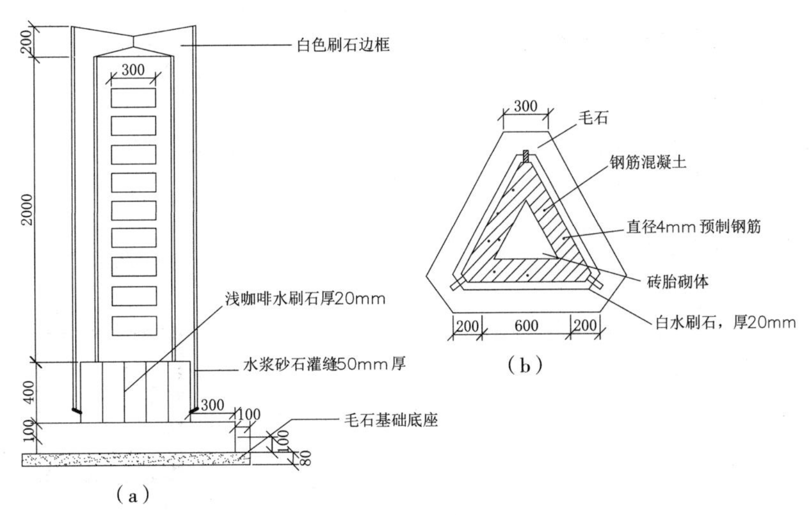

图3-4　某公园园路口标志牌设置图

（a）标志牌立面图　（b）标志牌平面图

2. 有一带土假山如图3-5所示，为保护山体，在假山的拐角处设置山石护角，每块石长1m、宽0.5m、高0.6m。假山中修有山石台阶，每个台阶长0.5m、宽0.3m、高0.15m，共10级，台阶为C10混凝土结构，表面是水泥抹面，C10混凝土厚130mm，1：3：6三合土垫层厚80mm，素土夯实，所有山石材料均为黄石。根据相关企业定额或本省综合单价，计算分部分项工程量及费用，并编制表格。

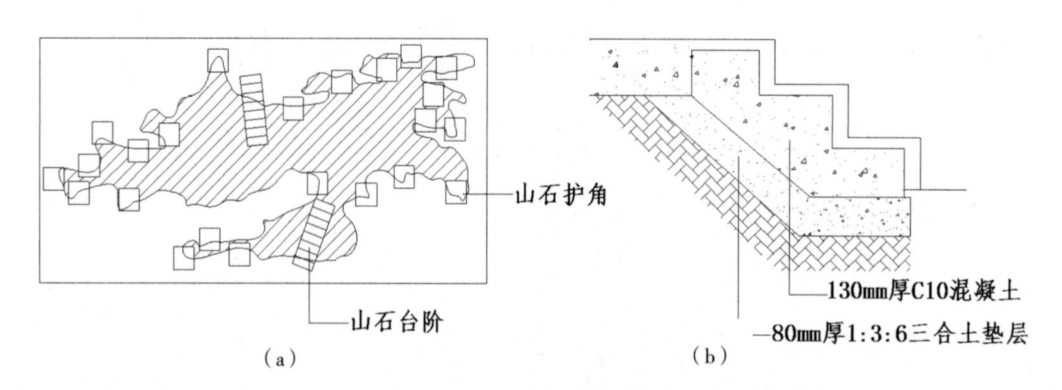

图3-5 假山示意图

（a）假山平面图 （b）台阶剖面图

3. 某公园景墙如图3-6～图3-9所示，采用标准砖砌筑，1砖墙厚。景墙装饰为一般抹灰，装饰面层刷漆。根据相关定额或本省综合单价，计算分部分项工程量及费用，并编制表格。

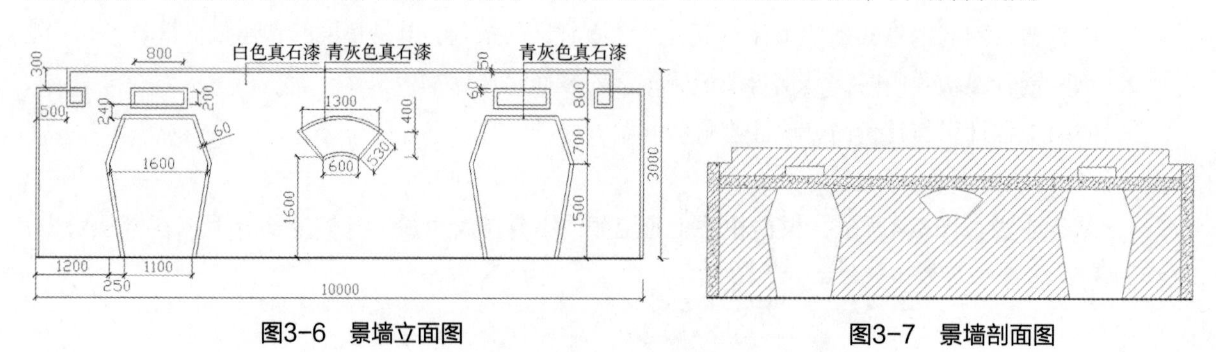

图3-6 景墙立面图　　图3-7 景墙剖面图

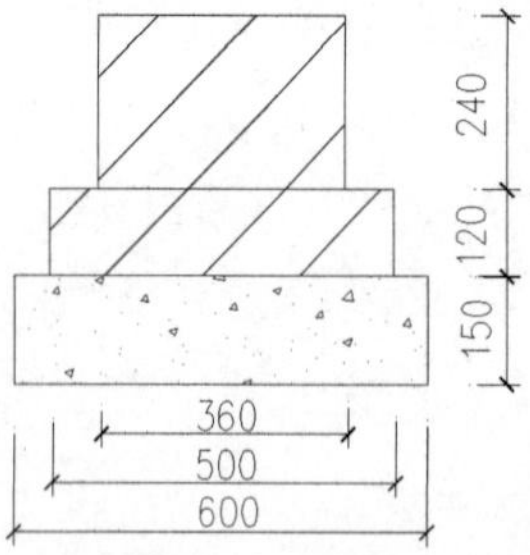

图3-8 景墙基础

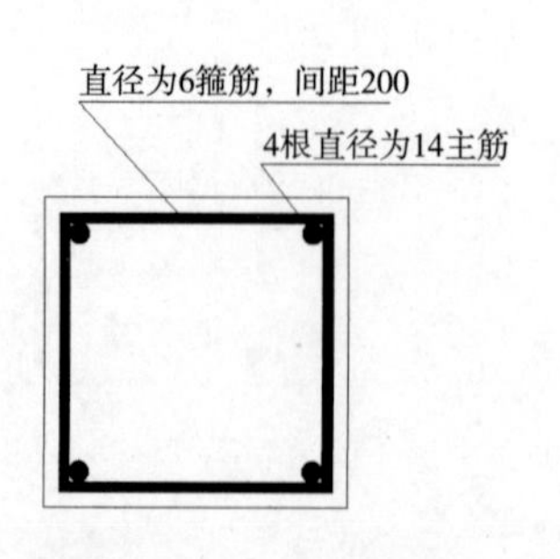

图3-9 梁、柱配筋图

项目4 通用项目清单计价

学习目标：（1）熟悉通用项目计价知识；

（2）会编制通用项目工程量清单计价表。

学习重点：（1）通用项目工程计价；

（2）通用项目分部分项工程清单与计价表。

学习难点： 通用项目清单组价方法。

子项目1 计价说明

通用项目各分部分项工程套用某省定额计算分部分项工程费。相关说明如下：

（1）人工挖土方子目是按干土编制的，如挖湿土时，对应子目中人工乘以系数1.18。干湿土的划分，应根据地质资料提供的地下常水位为界，地下常水位以上为干土，地下常水位以下为湿土。

（2）定额子目未考虑挖土工作面和放坡应增加的费用。如施工组织设计要求增加工作面和放坡时，增加土方工程量的费用可考虑在综合单价内。

（3）圆弧形砖基础应另列项目计算，按砖基础综合单价子目人工乘以系数1.1。

（4）混凝土子目中采用的是常用强度等级和石子粒径的现场搅拌混凝土材料费，如与设计不符时，可以调整；现场搅拌混凝土可按子目计算现场搅拌加工费。如采用商品混凝土，可直接进行换算。

（5）使用非商品混凝土需泵送时，另按技术措施费计算泵送增加费。

（6）木门窗分部工程中，木材树种均以一、二类木种为准，如采用三、四类时，分别乘以系数：相应子目中的木门窗制作人工和机械乘以1.3；木门窗安装人工和机械乘以1.16。

（7）砖墙定额中所采用的砂浆、砖按常用的种类、规格、强度等级编制，如与设计不同时，可以换算。

（8）砌筑圆弧形砌体基础、墙，可按相应定额子目人工乘以系数1.1。

（9）双层和其他木门窗的油漆执行相应的单层木门窗油漆子目，并分别乘以表3-12、表3-13中的系数。

表3-12　　木门油漆综合单价计算系数表

项目名称	调整系数	工程量计算方法
单层木门	1.00	按设计图示尺寸以单面洞口面积计算
双层（一板一纱）木门	1.36	
双层木门	2.00	
单层全玻门	0.83	
木百叶门	1.25	
厂库大门	1.10	
无框装饰门、成品门扇	1.10	按设计图示尺寸以门扇面积计算

表3-13　　木窗油漆综合单价计算系数表

项目名称	调整系数	工程量计算方法
单层玻璃窗	1.00	按设计图示尺寸以单面洞口面积计算
双层（一玻一纱）窗	1.36	
双层木窗	2.00	
三层窗	2.60	
单层组合窗	0.83	
双层组合窗	1.13	
木百叶窗	1.50	

子项目2　计价编制示例

【例3-7】根据【例2-7】业主提供的表2-17表格，对相应的分部分项工程进行计价，并编制表格。

【解】

管沟土方

根据某省园林绿化工程工程量清单综合单价：

① 人工挖地槽，三类土，干土深度2m以内（定额编号4-4）：26.91元/ m^3。挖沟深度1.4m，长为60m，管外径为600mm，根据地沟沟底宽度计算表，查得地沟宽度为1.3m，则管沟土方体积为

$$V=1.3\times1.4\times60=109.2\ (m^3)$$

则人工挖地槽的总价为

$$26.91\times109.2=2938.57\ (元)$$

② 土方回填，夯实基槽回填土（定额编号4-69）：12.80元/m^3。根据每延长米管道扣除土方体积表，钢管管径600mm，每米管道扣除土方体积0.24m^3，则共扣除土方体积为

$$0.24\times60=14.4\ (m^3)$$

回填土的体积为

$$109.2-14.4=94.8\ (m^3)$$

夯实基槽回填土的总价为

$$94.8 \times 12.80=1213.44（元）$$

则管沟土方的合价为

$$2938.57+1213.44=4152.01（元）$$

管沟土方的综合单价为

$$4152.01 \div 60=69.20（元/m）$$

如表3-14、表3-15所示：

表3-14　　分部分项工程清单与计价表

工程名称：某公园园林绿化工程　　标段：一标段　　第　页共　页

<table>
<tr><th rowspan="3">序号</th><th rowspan="3">项目编码</th><th rowspan="3">项目名称</th><th rowspan="3">项目特征描述</th><th rowspan="3">计量单位</th><th rowspan="3">工程量</th><th colspan="3">金 额/元</th></tr>
<tr><th rowspan="2">综合单价</th><th rowspan="2">合 价</th><th>其中</th></tr>
<tr><th>暂估价</th></tr>
<tr><td>1</td><td>010101007001</td><td>管沟土方</td><td>三类土；管外径600mm；挖沟深度1.4m；夯实回填土</td><td>m</td><td>60</td><td>69.20</td><td>4152.01</td><td></td></tr>
<tr><td colspan="7">本页小计</td><td></td><td></td></tr>
<tr><td colspan="7">合　计</td><td></td><td></td></tr>
</table>

表3-15　　综合单价分析表

工程名称：某公园园林绿化工程　　标段：一标段　　第　页共　页

<table>
<tr><td>项目编码</td><td colspan="2">010101006001</td><td>项目名称</td><td colspan="2">管沟土方</td><td colspan="2">计量单位</td><td>m</td><td>工程量</td><td colspan="2">1</td></tr>
<tr><td colspan="12">清单综合单价组成明细</td></tr>
<tr><td rowspan="2">定额编号</td><td rowspan="2">定额项目名称</td><td rowspan="2">定额单位</td><td rowspan="2">数量</td><td colspan="4">单价</td><td colspan="4">合价</td></tr>
<tr><td>人工费</td><td>材料费</td><td>机械费</td><td>管理费和利润</td><td>人工费</td><td>材料费</td><td>机械费</td><td>管理费和利润</td></tr>
<tr><td>4-4</td><td>人工挖地槽（2m以内干土）</td><td>m^3</td><td>1.82</td><td>20.12</td><td></td><td></td><td>6.79</td><td>36.62</td><td></td><td></td><td>12.36</td></tr>
<tr><td>4-69</td><td>基槽回填土（夯实）</td><td>m^3</td><td>1.58</td><td>8.51</td><td></td><td>1.42</td><td>2.87</td><td>13.45</td><td></td><td>2.24</td><td>4.53</td></tr>
<tr><td colspan="3">人工单价</td><td colspan="5">小　计</td><td>50.07</td><td></td><td>2.24</td><td>16.99</td></tr>
<tr><td colspan="3">43元/工日</td><td colspan="5">未计价材料费</td><td colspan="4"></td></tr>
<tr><td colspan="8">清单项目综合单价</td><td colspan="4">69.20</td></tr>
<tr><td rowspan="4">材料费明细</td><td colspan="5">主要材料名称、规格、型号</td><td>单位</td><td>数量</td><td>单价/元</td><td>合价/元</td><td>暂估单价/元</td><td>暂估合价/元</td></tr>
<tr><td colspan="5"></td><td></td><td></td><td></td><td></td><td></td><td></td></tr>
<tr><td colspan="7">其他材料费</td><td>—</td><td></td><td></td><td></td></tr>
<tr><td colspan="7">材料费小计</td><td>—</td><td></td><td></td><td></td></tr>
</table>

【例3-8】根据【例2-8】业主提供的表2-18表格，对相应的分部分项工程进行计价，并编制表格。

【解】

（1）平板

依据某省建筑工程工程量清单综合单价：

平板，C25混凝土，板厚100以内（定额编号4-36）：2594.34元/10m^3

换算定额：C25混凝土单价为183.11元/m^3，C20混凝土单价为178.25元/m^3，混凝土用量为10.150m^3/m^3，则（4-36）$_{换}$：

$$2594.34+(183.11-178.25)\times 10.150=2643.67（元/10m^3）$$

则平板的综合单价为264.37元/ m^3，平板的合价为：

$$2643.67\div 10\times 4.07=1075.97（元）$$

（2）圈梁

依据某省建筑工程工程量清单综合单价，圈梁（定额编号4-26）：3027.79元/10m^3。则圈梁的综合单价为：302.78元/m^3，圈梁的合价为

$$3027.79\div 10\times 0.74=224.06（元）$$

（3）过梁

依据某省建筑工程工程量清单综合单价，预制过梁（定额编号4-75）：5191.53元/10m^3。则过梁的综合单价为：519.15元/m^3，过梁的合价为

$$5191.53\div 10\times 0.38=197.28（元）$$

（4）石勒脚

依据某省建筑工程工程量清单综合单价，方整石墙（定额编号3-70）：3890.36元/10m^3。则石勒脚的综合单价为：389.04元/m^3，石勒脚的合价为

$$3890.36\div 10\times 3.05=1186.56（元）$$

（5）木质门（M_1）

依据某省装饰装修工程工程量清单综合单价，普通木门、有亮单扇（定额编号4-3）：16741.51元/100m^2。M_1计价工程量为

$$1\times 2.1=2.1（m^2）$$

则木质门的合价为

$$16741.51\div 100\times 2.1=351.57（元）$$

木质门的综合单价为

$$351.57\div 1=351.57（元/樘）$$

（6）木质门（M_2）

依据某省装饰装修工程工程量清单综合单价，普通木门、有亮单扇（定额编号4-3）：16741.51元/100m^2。M_2计价工程量为

$$0.9\times 2=1.8（m^2）$$

则木质门的合价为

$$16741.51\div 100\times 1.8=301.35（元）$$

木质门的综合单价为

$$301.35 \div 1=301.35（元/樘）$$

（7）铝合金窗

依据某省装饰装修工程工程量清单综合单价，成品铝合金窗安装、推拉窗（定额编号4-53）：20068.44元/100m^2。1樘C_1计价工程量：

$$1.5 \times 1.8=2.7（m^2/樘）$$

则铝合金窗的综合单价为

$$20068.44 \div 100 \times 2.7=541.85（元/樘）$$

铝合金窗的合价为

$$541.85 \times 3=1625.55（元）$$

（8）多孔砖墙

依据某省建筑工程工程量清单综合单价，多孔砖墙、1砖及以上（定额编号3-55）：2552.52元/10m^3。则多孔砖墙的综合单价为255.25元/m^3；多孔砖墙的合价为

$$2552.52 \div 10 \times 11.32=2889.45（元）$$

（9）天棚抹灰

依据某省装饰装修工程工程量清单综合单价，天棚抹混合砂浆（混凝土面，一次抹灰）（定额编号3-7）：1109.74元/100m^2。则天棚抹灰的综合单价为11.10元/m^2；天棚抹灰合价为

$$11.10 \times 24.6=273.06（元）$$

分部分项工程清单与计价表如表3-16所示。

表3-16　　　　分部分项工程清单与计价表

工程名称：某公园建筑装饰工程　　　　标段：一标段　　　　第　页共　页

序号	项目编码	项目名称	项目特征描述	计量单位	工程量	金额/元		
						综合单价	合价	其中暂估价
1	010505003001	平板	C25现浇碎石混凝土	m^3	4.07	264.37	1075.97	
2	010503004001	圈梁	C20现浇碎石混凝土	m^3	0.74	302.78	224.06	
3	010510003001	过梁	C20预制碎石混凝土	m^3	0.38	519.15	197.28	
4	010403002001	石勒脚	方整石，M5混合砂浆	m^3	3.05	389.04	1186.56	
5	010801001001	木质门	带亮胶合板木门，门洞尺寸：2100mm × 1000mm	樘	1	351.57	351.57	
6	010801001002	木质门	带亮胶合板木门，洞口尺寸：2000 mm × 900mm	樘	1	301.35	301.35	
7	010807001001	铝合金窗	铝合金推拉窗，洞口尺寸：1500 mm × 1800mm	樘	3	541.85	1625.55	

续表

序号	项目编码	项目名称	项目特征描述	计量单位	工程量	金额/元		
						综合单价	合价	其中暂估价
8	010401004001	多孔砖墙	多孔砖尺寸：240 mm×115mm×90mm，1砖墙厚，M5混合砂浆	m^3	11.32	255.25	2889.45	
9	011301001001	天棚抹灰	混凝土基层，混合砂浆1：0.5：4	m^2	24.60	11.10	273.06	
本页小计								
合　计								

一、基础训练

1. 清单计量规范中门窗计量单位有樘、m^2两个，计价时应如何处理?

2. 圆弧形墙在计价时如何套定额?

二、单项训练

某带形砖基础长50m，墙厚1砖半，基础高0.9m，如图3-10所示。根据相关企业定额或本省综合单价，计算分部分项工程量及费用，并编制表格。

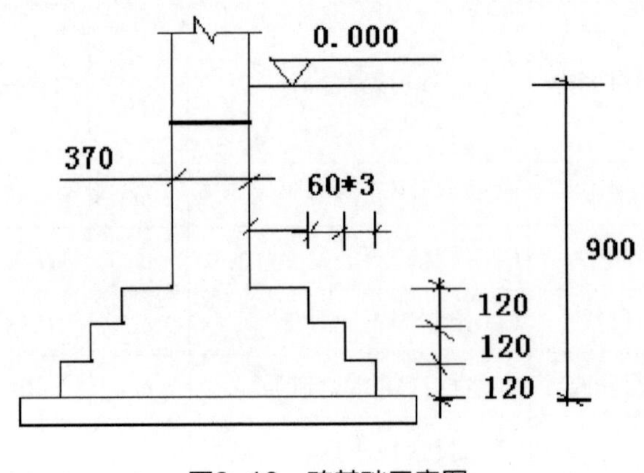

图3-10　砖基础示意图

项目5 措施项目清单计价

学习目标：（1）熟悉措施项目计价知识；

（2）会编制措施项目工程量清单计价表。

学习重点：（1）措施项目清单计价；

（2）措施项目分部分项工程清单与计价表。

学习难点： 措施项目清单组价方法。

子项目1 计价说明

措施项目套用某省定额计算措施项目费。相关说明如下：

1．技术措施费

（1）清单项目的混凝土、钢筋混凝土模板及支架措施费是指混凝土施工过程中需要的各种钢模板、木模板、支架等的支、拆、运输费用及模板、支架的摊销或租赁费用。

（2）清单项目的脚手架措施费是指施工需要的各种脚手架搭、拆、运输费用及脚手架的摊销或租赁费用。

（3）施工排水、降水措施费是指为确保工程在正常条件下施工，采取各种排水、降水措施所发生的各种费用。

（4）大型机械设备推土机、除荆机的场外运输费按相应规格的履带式推土机费用执行。

（5）机械的一次安拆费中均包括安装后的试运转费用；所列场外运输费为25km以内的进出场费用，超过25km时，另行计取。

2．组织措施费

（1）施工组织措施费包括现场安全文明施工措施费（费率见表3-17）、夜间施工增加费、冬雨季施工增加费等。

（2）安全文明施工措施费包括：安全施工措施费、文明施工措施费、环境保护措施费和临时设施费。

表3-17　　现场安全文明施工措施费费率表

序号	工程分类	费率基数	安全文明措施费费率/%			
			基本费	考评费	奖励费	合计
1	园林绿化工程	定额综合工日×34×1.66	7.80	2.37	1.65	11.82
2	仿古建筑工程		5.86	1.78	1.24	8.88

注：基本费应足额计取；考评费在工程竣工结算时，按当地造价管理机构核发的《安全文明施工措施费率表》进行核算；奖励费根据施工现场文明获奖级别计算，省级为全额，市级为70%，县级为50%。

子项目2　计价编制示例

【例3-9】根据【例2-9】业主提供的表2-20表格，计算措施项目费，并编制表格。

【解】

脚手架项目

依据某省园林绿化工程工程量清单综合单价，塑假山、山高6m以内（定额编号10-34）：1006.44元/100m^2。则塑假山脚手架措施项目的综合单价为：10.06元/m^2，合价为

$$12 \times 1006.44 \div 100=120.77（元）$$

单价措施项目清单与计价表如表3-18所示：

表3-18　　单价措施项目清单与计价表

工程名称：某公园园林绿化工程　　标段：一标段　　第　页共　页

序号	项目编码	项目名称	项目特征描述	计量单位	工程量	金额/元	
						综合单价	合价
1	050401005001	堆塑假山脚手架	单排脚手架，假山高度：5m	m^2	12	10.06	120.77
本页小计							
合　计							

【例3-10】根据【例2-10】措施项目表格2-21，计算措施项目费，并编制表格。

【解】

模板项目

依据某省园林绿化工程工程量清单综合单价，现浇钢筋混凝土模板、园路路面模板（定额编号10-2）：169.08元/10m^2。则现浇混凝土园路路面模板措施项目的综合单价为：16.91元/m^2，合价为

$$14.62 \times 169.08 \div 10=247.19（元）$$

单价措施项目清单与计价表如表3-19所示：

表3-19　　单价措施项目清单与计价表

工程名称：某小区园林绿化工程　　标段：一标段　　第　页共　页

序号	项目编码	项目名称	项目特征描述	计量单位	工程量	金额/元	
						综合单价	合价
1	050402002001	现浇混凝土路面模板	路面厚度为14cm，钢模板	m^2	14.62	16.91	247.19
本页小计							
合　计							

【例3-11】根据【例2-11】措施项目表格2-22，计算措施项目费，并编制表格。

【解】

（1）树木支撑架

依据某省园林绿化工程工程量清单综合单价，树棍桩、三脚桩（定额编号1-194）：16.27元/株。则树木支撑架措施项目的综合单价为：16.27元/株，合价为

$$22\times16.27=357.94\text{（元）}$$

（2）草绳绕树干

依据某省园林绿化工程工程量清单综合单价，草绳绕树干，树干胸径在15cm以内（定额编号1-207）：4.44元/m。草绳绕树干计价工程量：

$$1.2\times22=26.4\text{（m）}$$

则草绳绕树干措施项目的合价为

$$26.4\times4.44=117.22\text{（元）}$$

综合单价为

$$117.22\div22=5.33\text{（元/株）}$$

单价措施项目清单与计价见表3-20所示：

表3-20　　单价措施项目清单与计价表

工程名称：某公园绿化工程　　标段：一标段　　第　页共　页

序号	项目编码	项目名称	项目特征描述	计量单位	工程量	金额/元	
						综合单价	合价
1	050403001001	树木支撑架	三脚树棍桩，树棍长1.2m，单株支撑树棍3根	株	22	16.27	357.94
2	050403002001	草绳绕树干	胸径15cm，草绳绕树干高度1.2m	株	22	5.33	117.22
本页小计							
合　计							

一、基础训练

1．技术措施费与组织措施费有什么区别?

2．安全文明施工费包括哪些内容?

二、综合项目训练

1．根据本篇“项目2　园路、园桥工程清单计价”学后训练中单项训练第1题，计算园路混凝土垫层模板措施费，并编制表格。

2．根据本篇“项目3　园林景观工程清单计价”学后训练中单项训练第2题，计算混凝土台阶垫层模板措施费，并编制表格。

项目6 其他项目清单计价

学习目标：（1）其他项目清单计价知识；

（2）会编制其他项目清单计价表。

学习重点：（1）其他项目清单计价；

（2）其他项目工程量清单与计价表。

学习难点：其他项目费用提供主体。

子项目1 计价说明

其他项目费在计算时，必须按照项目所在地建设主管部门的有效造价管理文件计取。本书按某省规定计价，相关说明如下：

1．总承包服务费

总承包服务费是总承包人为配合协调发包人进行的工程分包自行采购设备、材料等进行管理、服务以及施工现场管理、竣工资料汇总整理等服务所需的费用。应依据招标人在招标文件中列出的分包专业工程内容和供应材料、设备情况，按照招标人提出协调、配合与服务要求和施工现场管理需要自助确定。

总承包服务费在以下工程中计取：

（1）实行总发包、承包的工程。

（2）业主单独发包的专业施工与主体施工交叉进行或虽未交叉进行，但业主要求主体承包单位履行总包责任（现场协调、竣工验收资料整理等）的工程。

（3）总承包管理费由业主承担，其标准为单独发包专业工程造价的2%～4%，总包责任和具体费率在招标文件或合同中明示。

2．暂列金额

暂列金额是招标方暂定并掌握使用的一笔款项，它包括在合同价款中，由招标人用于合同签订时尚未确定或者不可预见的所需材料、设备等的采购以及施工过程中可能发生的工程变更、合同约定调整因素出现时的工程价款调整以及发生的索赔、现场签证等费用。

工程建设自身的特性决定了工程的设计需要根据工程进展不断地进行优化和调整，业主需求可能会随工程建设进展出现变化，工程建设过程还会存在一些不能预见、不能确定的因素。消化这些因素必然会影响合同价格的调整，暂列金额正是为这类不可避免的价格调整而设立，以便达到合理确定和有效控制工程造价的目的。暂列金额应按照其他项目清单中列出的金额填写，不得变动。

3. 暂估价

暂估价是招标阶段直至签订合同协议时，招标人在招标文件中提供的用于支付必然要发生但暂时不能确定价格的材料以及专业工程的金额。

为方便合同管理，需要纳入分部分项工程项目清单综合单价中的暂估价应只是材料费、工程设备费，以方便投标人组价。

专业工程的暂估价应是综合暂估价，包括除规费和税金以外的管理费、利润等。总承包招标时，专业工程设计深度往往是不够的，一般需要交由专业设计人设计，处于提高可建性考虑，国际上惯例，一般由专业承包人负责设计，以发挥其专业技能和专业施工经验的优势。这类专业工程交由专业分包人完成是国际工程的良好实践，目前在我国工程建设领域也已经比较普遍。公开透明、合理地确定这类暂估价的实际开支金额的最佳途径就是通过施工总承包人与工程建设项目招标人共同组织招标。

4. 计日工

计日工是为了解决现场发生的零星工作的计价而设立的。计日工对完成零星工作所消耗的人工工时、材料数量、施工机械台班进行计量，并按照计日工表中填报的使用项目的单价进行计价支付。计日工适用的所谓零星工作一般是指合同约定之外或者因变更而产生的、工程量清单中没有相应项目的额外工作。计日工是为了解决现场发生的这些工作的计价而设立的，单价一般稍微高些。

5. 其他相关问题说明

（1）暂列金额、暂估价、计日工和总承包服务费均为估算、预测数量，虽在投标时计入投标人的报价中，但不应视为投标人所有。竣工结算时，应按承包人实际完成的工作内容结算，剩余部分仍归招标人所有。

（2）其他项目清单中招标人填写的项目名称、数量和金额，投标人不得随意改动，投标人对招标人提出的项目与数量必须进行报价，如果不报价，则招标人有理由认为已包括在其他报价内。

（3）计日工按照其他项目清单列出的项目和估算的数量，自主确定各项综合单价并计算费用。

（4）暂估价中的材料、工程设备必须按照暂估单价计入综合单价，其他项目费中不汇总；专业工程暂估价必须按照其他项目清单中列出的金额填写。

子项目2 计价编制示例

【例3-12】某招标项目为紫荆公园绿化工程。根据业主提供的其他项目清单与计价表，计算相关费用，并编制表格。

【解】

业主提供了暂列金额、材料暂估单价（业主提供20株银杏树苗）、专业工程暂估价以及计日工数量。投标人取定普工单价为90元/工日，技工单价为120元/工日，铲草机单价为110元/台班，发包人发包专业工程服务费率为1%，发包人供应材料服务费率为0.5%。则本项目需要计取的其他项目费计算结果详见表3-21 ~ 表3-26所示。

表3-21　　其他项目清单与计价汇总表

工程名称：紫荆公园绿化工程　　标段：一标段　　第　页共　页

序号	项目名称	金额/元	结算金额/元	备注
1	暂列金额	100000		明细详见表3-22
2	暂估价	200000		
2.1	材料暂估价	—		明细详见表3-23
2.2	专业工程暂估价	200000		明细详见表3-24
3	计日工	3440		明细详见表3-25
4	总承包服务费	2100		明细详见表3-26
合　计		305540		—

注：材料暂估单价进入清单项目综合单价，此处不汇总。

表3-22　　暂列金额明细表

工程名称：紫荆公园绿化工程　　标段：一标段　　第　页共　页

序号	项目名称	计量单位	暂定金额/元	备注
1	工程量清单中工程量偏差和设计变更	项	50000	
2	政策性调整和材料价格风险	项	20000	
3	其他	项	30000	
合　计			100000	—

表3-23　　材料（工程设备）暂估单价表及调整表

工程名称：紫荆公园绿化工程　　标段：一标段　　第　页共　页

序号	材料（工程设备）名称、规格、型号	计量单位	数量		暂估/元		确认/元		差额±/元		备注
			暂估	确认	单价	合价	单价	合价	单价	合价	
1	银杏树苗，胸径15cm	株	400		50	20000					

表3-24　　专业工程暂估价及结算价表

工程名称：紫荆公园绿化工程　　标段：一标段　　第　页共　页

序号	工程名称	工程内容	暂估金额/元	结算金额/元	差额±/元	备注
1	公园管理室	建筑装饰工程	150000			
2	园亭	工程施工	50000			
合　计			200000			

表3-25　　计日工表

工程名称：紫荆公园绿化工程　　标段：一标段　　第　页共　页

编号	项目名称	单位	暂定数量	实际数量	综合单价/元	合价/元	
						暂定	实际
1	人工						
(1)	普工	工日	20		90	1800	
(2)	技工	工日	10		120	1200	
人工小计						3000	
2	施工机械						
	铲草机	台班	4		110	440	
施工机械小计						440	
3	企业管理费和利润					688	
合　计						4128	

表3-26　　总承包服务费计价表

工程名称：紫荆公园绿化工程　　标段：一标段　　第　页共　页

序号	项目名称	项目价值/元	服务内容	计算基础	费率/%	金额/元
1	发包人发包专业工程	200000	按专业工程承包人的要求提供施工工作面并对施工现场进行统一管理，对竣工资料进行统一整理汇总	200000	1	2000
2	发包人供应材料	20000	对发包人供应的材料进行验收及保管和使用发放	20000	0.5	100
合　计		—	—		—	2100

学后训练

一、基础训练

1. 其他项目费包括哪些内容？

2. 材料暂估价如何计取？

二、专项目训练

1. 根据学习范本，计算相关的其他项目费。

2. 业主提供的其他项目清单如表3-27～表3-32所示，根据相关规定，计取其他项目费。

表3-27 **其他项目清单与计价汇总表**

工程名称：翠山公园园林绿化工程　　标段：二标段　　第　页共　页

序号	项目名称	金额/元	结算金额/元	备注
1	暂列金额	200000		明细详见表3-28
2	暂估价	230000		
2.1	材料暂估价	—		明细详见表3-29
2.2	专业工程暂估价	230000		明细详见表3-30
3	计日工			明细详见表3-31
4	总承包服务费			明细详见表3-32
合　计				—

注：材料暂估单价进入清单项目综合单价，此处不汇总。

表3-28 **暂列金额明细表**

工程名称：翠山公园园林绿化工程　　标段：二标段　　第　页共　页

序号	项目名称	计量单位	暂定金额/元	备注
1	工程量清单中工程量偏差和设计变更	项	120000	
2	政策性调整和材料价格风险	项	40000	
3	其他	项	40000	
合　计			200000	—

表3-29 **材料（工程设备）暂估单价及调整表**

工程名称：翠山公园园林绿化工程　　标段：二标段　　第　页共　页

序号	材料（工程设备）名称、规格、型号	计量单位	数量		暂估/元		确认/元		差额±/元		备注
			暂估	确认	单价	合价	单价	合价	单价	合价	
1	香樟树，胸径20cm	株	300		100	30000					

表3-30　　专业工程暂估价表

工程名称：翠山公园园林绿化工程　　标段：二标段　　第　页共　页

序号	工程名称	工程内容	暂估金额/元	结算金额/元	差额±/元	备注
1	游乐设施	建筑装饰及安装工程	180000			
2	园亭	工程施工	50000			
合　计			230000			

表3-31　　计日工表

工程名称：翠山公园园林绿化工程　　标段：二标段　　第　页共　页

编号	项目名称	单位	暂定数量	实际数量	综合单价/元	合价/元	
						暂定	实际
1	人工						
（1）	普工	工日	30				
（2）	技工	工日	15				
人工小计							
2	施工机械						
	喷药车	台班	5				
施工机械小计							
3	企业管理费和利润						
合　计							

表3-32　　总承包服务费计价表

工程名称：翠山公园园林绿化工程　　标段：二标段　　第　页共　页

序号	项目名称	项目价值/元	服务内容	计算基础	费率/%	金额/元
1	发包人发包专业工程	230000	按专业工程承包人的要求提供施工工作面并对施工现场进行统一管理，对竣工资料进行统一整理汇总			
2	发包人供应材料	30000	对发包人供应的材料进行验收及保管和使用发放			
合　计		—	—		—	

项目7 规费、税金项目清单计价

学习目标：（1）熟悉规费、税金项目计价知识；

（2）会编制规费、税金项目清单计价表。

学习重点：（1）规费、税金项目工程计价；

（2）规费、税金项目计价表。

学习难点： 规费、税金项目计价方法。

子项目1 计价说明

规费和税金应按照国家或省级、行业建设主管部门依据国家税法及省级政府或有关权利部门的规定确定，在工程计价时应按规定计算，不得作为竞争性费用。本书按某省规定计价，相关说明如下：

（1）规费由工程排污费、社会保障费（养老保险费、失业保险费、医疗保险费）、住房公积金和意外伤害保险费组成。

（2）税金由营业税、城市建设维护税、教育费附加和省地方教育费附加组成。

（3）规费费率表如表3-33所示：

表3-33 规费费率表

序号	费用项目	费率/（元/工日）	备注
1	工程排污费		按实际发生额计算
2	社会保障费	7.48	
3	住房公积金	1.70	
4	意外伤害保险	0.60	

（4）税率表如表3-34所示：

表3-34　税率表

序号	纳税地点	营业税、城市建设维护税、教育费附加和省地方教育费附加	
		计税基数	综合税率/%
1	市区	税前造价	3.477
2	县、镇	税前造价	3.413
3	市、县、镇以外	税前造价	3.284

子项目2　计价编制示例

【例3-13】某招标项目为天赐良园小区园林绿化工程。根据业主提供的规费、税金项目清单与计价表，填写表格。

【解】

根据某省园林工程计费规定，规费的计算基础为综合工日。已知本工程综合工日为300工日，分部分项工程费、措施项目费、其他项目费和规费合计为58100元。规费、税金项目计算结果见表3-35所示。

表3-35　规费、税金项目计价表

工程名称：天赐良园小区园林绿化工程　　标段：一标段　　第　页共　页

序号	项目名称	计算基础	计算基数	费率	金额/元
1	规费				2934
1.1	工程排污费	按工程所在地环保部门规定按实计算			
1.2	社会保障费	综合工日	300	7.48	2244
1.3	住房公积金	综合工日	300	1.7	510
1.4	危险作业意外伤害保险	综合工日	300	0.6	180
2	税金	分部分项工程费+措施项目费+其他项目费+规费－按规定不计税的工程设备金额	58100	3.477%	2020.14
合　计					7888.14

学后训练

一、基础训练

1. 什么是不可竞争费？哪些费用属于不可竞争费？

2. 规费包括哪些费用?

3. 税率如何计取?

二、综合项目训练

1. 根据学习范本，计算相关的规费、税金。

2. 某招标项目为文苑街头园林绿化工程。根据某省园林工程计费规定，规费的计算基础为综合工日。已知本工程综合工日为260工日，分部分项工程费、措施项目费、其他项目费和规费合计为51620元。根据业主提供的规费、税金项目清单与计价表（表3-36），对规费、税金项目进行计价。

表3-36　　规费、税金项目清单与计价表

工程名称：文苑街头园林绿化工程　　标段：一标段　　第　页共　页

序号	项目名称	计算基础	计算基数	费率	金额/元
1	规费				
1.1	工程排污费	按工程所在地环保部门规定按实计算			
1.2	社会保障费	综合工日			
1.3	住房公积金	综合工日			
1.4	危险作业意外伤害保险	综合工日			
2	税金	分部分项工程费+措施项目费+其他项目费+规费—按规定不计税的工程设备金额			
合　计					

项目8 园林绿化工程计价编制

学习目标：掌握园林工程清单计价程序。

学习重点：（1）园林工程清单计价过程；

（2）园林工程清单计价表格。

学习难点：工程量清单计价计算方法。

园林绿化工程清单计价编制程序如表3-37所示。

表3-37　　工程量清单招投标造价计价标准程序表

序号	费用项目	计算公式	备注
1	清单项目费用	∑（清单工程量×相应措施子目综合单价）	
1.1	其中：综合工日	综合单价分析	
1.2	（1）人工费	综合单价分析	
1.3	（2）材料费	综合单价分析	
1.4	（3）机械费	综合单价分析	
1.5	（4）企业管理费	综合单价分析	
1.6	（5）利润	综合单价分析	
2	措施项目费	∑[2.1]-[2.6]	
2.1	其中：（1）技术项目费	∑（措施项目量×相应措施子目综合单价）	
2.1.1	综合工日	综合单价分析	
2.1.2	① 人工费	综合单价分析	
2.1.3	② 材料费	综合单价分析	

续表

序号	费用项目	计算公式	备注
2.1.4	③ 机械费	综合单价分析	
2.1.5	④ 企业管理费	综合单价分析	
2.1.6	⑤ 利润	综合单价分析	
2.2	（2）安全文明措施费	（[1.1]+[2.1.1]×34元/工日 ×1.66）×费率	不可竞争费
2.3	（3）二次搬运费	（[1.1]+[2.1.1]）×费率	
2.4	（4）夜间施工措施费	（[1.1]+[2.1.1] ）×费率	
2.5	（5）冬季施工措施费	（[1.1]+[2.1.1] ）×费率	
2.6	（6）其他		
3	其他项目费	∑（[3.1]–[3.5]）	
3.1	其中：（1）总承包服务费	业主分包专业造价×费率	
3.2	（2）暂列金额		
3.3	（3）暂估价		
3.4	（4）计日工		
3.5	（5）其他		
4	规费	∑（[4.1]–[4.5]）	
4.1	其中：（1）工程排污费		按实际发生额计算
4.2	（2）社会保障费	（[1.1]+[2.1.1]）×7.48	不可竞争费
4.3	（3）住房公积金	（[1.1]+[2.1.1]）×1.70	不可竞争费
4.4	（4）意外伤害保险	（[1.1]+[2.1.1]）×0.60	不可竞争费
5	税前造价合计	[1]+[2]+[3]+[4]	
6	税金	[5]×费率	
7	工程造价合计	[5]+[6]	

园林绿化工程投标报价编制表格及招标控制价编制表格见附录二。

【例3–14】某城市在水一方公园的园林绿化工程，包括房屋建筑装饰工程、绿化工程，园路、园桥工程及园林景观工程。采用工程量清单计价方式，根据招标文件相关规定，计算本工程的投标报价并编制相应表格。

【解】

根据某省园林工程计费规定，投标报价表格如表3–38～表3–44所示。图3–11、图3–12为投标总价表的封面及扉页。

在水一方公园园林绿化 工程

投 标 总 价

投 标 人：方圆园林绿化工程有限公司

2013 年 3 月 12 日

图3-11 投标总价封面

投 标 总 价

招 标 人：在水一方公园管理处

工程名称：在水一方公园一期主体工程

投 标 总 价（小写）：2 609 296.63

（大写）：贰佰陆拾万玖仟贰佰玖拾陆元陆角叁分

投 标 人：方圆园林绿化工程有限公司

法定代表人

或其授权人：常致远 （签字或盖章）

编 制 人：刘靖 （造价人员签字盖专用章）

时 间：2013 年 3 月 12 日

图3-12 投标总价扉页

表3-38 **总说明表**

工程名称：在水一方公园一期主体工程　　　　第　页共　页

1. 本报价依据本工程投标人须知和合同文本的有关条款编制

2. 措施项目报价表中所填写的措施项目报价，包括工程量清单中为完成本工程项目施工必须采取的措施所发生的费用

3. 工程量清单计价表中所填入的综合单价和合价均包括人工费、材料费、机械费、管理费、利润以及规定范围内的风险费用

4. 本工程量清单报价表的每一项均应填写单价和合价，对没有填写的项目费用，视为已包括在工程量清单的其他单价和合价中

5. 绿化工程中已计入一年的养护费用

6. 本报价币种为人民币

表3-39 **单位工程投标报价汇总表**

工程名称：在水一方公园一期主体工程　　标段：一标段　　　　第　页共　页

序号	汇总内容	金额/元	其中：暂估价/元
1	分部分项工程	3 016 528.39	
1.1	绿化工程		
1.2	园路、园桥工程		
1.3	园林景观工程		
2	措施项目	134 854.45	—
2.1	其中：安全文明施工费	86 584.83	—
3	其他项目	161 417.83	—
3.1	其中：暂列金额	100 000	—
3.2	其中：专业工程暂估价	59 628.96	—
3.3	其中：计日工	0	—
3.4	其中：总承包服务费	1 788.87	—
4	规费	186 353.04	—
5	税金	121 665.57	—
投标报价合计=1+2+3+4+5		3 620 819.28	59 628.96

表3-40　　分部分项工程清单与计价表

工程名称：在水一方公园一期主体工程　　标段：一标段　　第　页共　页

序号	项目编码	项目名称	项目特征描述	计量单位	工程量	金额/元		
						综合单价	合价	其中 暂估价
		附录A 绿化工程						
1	050101010001	整理绿化用地	普坚土	m^2	20000	3.20	64000	
2	050102001001	栽植合欢	胸径：8~10cm；养护期一年	株	220	48.12	10586.4	
3	050102001002	栽植银杏	胸径：6~8cm；养护期一年	株	60	69.36	4161.60	
4							（其他略）	
		附录B 园路、园桥工程						
5	050201001001	园路	素土夯实；3：7灰土垫层，厚10cm；纹形现浇混凝土园路，厚14cm，宽2m，C20碎石混凝土	m^2	300	58.28	17484	
6	050202003001	满铺卵石护岸	护岸宽5m；卵石粒径30~70cm	m^2	96	120.75	11 592	
							（其他略）	
		附录C 园林景观工程						
7	050301002001	堆砌石假山	高4m；湖石；C15现浇碎石混凝土；1：2.5水泥砂浆	t	206	849.51	174 999.06	
							（其他略）	
			本页小计					
			合　计				3 016 528.39	

表3-41　　总价措施项目清单与计价表

工程名称：在水一方公园一期主体工程　　标段：一标段　　第　页共　页

序号	项目编码	项目名称	计算基础	费率/%	金额/元
1	050405001001	安全文明施工费	19 668 × 34 × 1.66	7.8	86 584.83
		合　计			86 584.83

表3-42　　单价措施项目清单与计价表

工程名称：在水一方公园一期主体工程　　标段：一标段　　第　页共　页

序号	项目编码	项目名称	项目特征描述	计量单位	工程量	金额/元	
						综合单价	合价
1	011705001001	塔式起重机进出场费	塔式起重机，8t	台次	1	13 707.40	13 707.40
2	011705001002	塔式起重机安拆费	塔式起重机，8t	台次	1	13 820.45	13 820.45
3	050403001001	树木支撑架	三脚树棍桩，树棍长1.2m，单株支撑树棍3根	株	360	16.27	5 857.20
4	050402002001	现浇混凝土路面模板	路面厚20cm，钢模板	m^2	42.56	16.91	719.69
							（其他略）
本页小计							
合　计							48 269.62

表3-43　　其他项目清单与计价汇总表

工程名称：在水一方公园一期主体工程　　标段：一标段　　第　页共　页

序号	项目名称	金额/元	结算金额/元	备注
1	暂列金额	100 000		
2	暂估价	59 628.96		
2.1	专业工程暂估价	59 628.96		
3	总承包服务费	1 788.87		
合　计		161 417.83		—

表3-44　　规费、税金项目计价表

工程名称：在水一方公园一期主体工程　　标段：一标段　　第　页共　页

序号	项目名称	计算基础	计算基数	计算费率/%	金额/元
1	规费				186 353.04
1.1	工程排污费	按工程所在地环保部门规定按实计算			
1.2	社会保障费	综合工日	19 668	748	147 116.64
1.3	住房公积金	综合工日	19 668	170	33 435.60
1.4	工伤保险	综合工日	19 668	60	11800.8
2	税金	综合工日	3 499 153.71	3.477	121 665.57
合　计					3 620 819.28

一、基础训练

1．简述园林绿化工程清单计价编制程序。

2．清单计价时，工程排污费如何处理?

二、综合项目训练

1．根据学习范本，编制园林绿化工程计价。

2．某城市绿地施工工程，绿化工程费为25698元，园路、园桥及景观工程费为10218元，措施项目费为1866元，其中安全文明施工费为621元，暂列金额10000元，计日工费为4021元，综合工日为289工日，规费计算基础为综合工日。根据以上资料，计算绿地施工工程总造价并编制计价表格。

项目9 工程项目实训

学习目标：（1）熟悉规费、税金项目计价知识；

（2）会编制规费、税金项目清单计价表。

学习重点：（1）规费、税金项目工程计价；

（2）规费、税金项目计价表。

学习难点：规费、税金项目计价方法。

子项目1 园林绿化工程实训

某小游园局部植物绿化种植区如下图3-13所示，该种植区长50m、宽30m，其中竹林面积为200m²。根据相关企业定额或本省综合单价，计算各分部分项工程费，并编制相应表格。

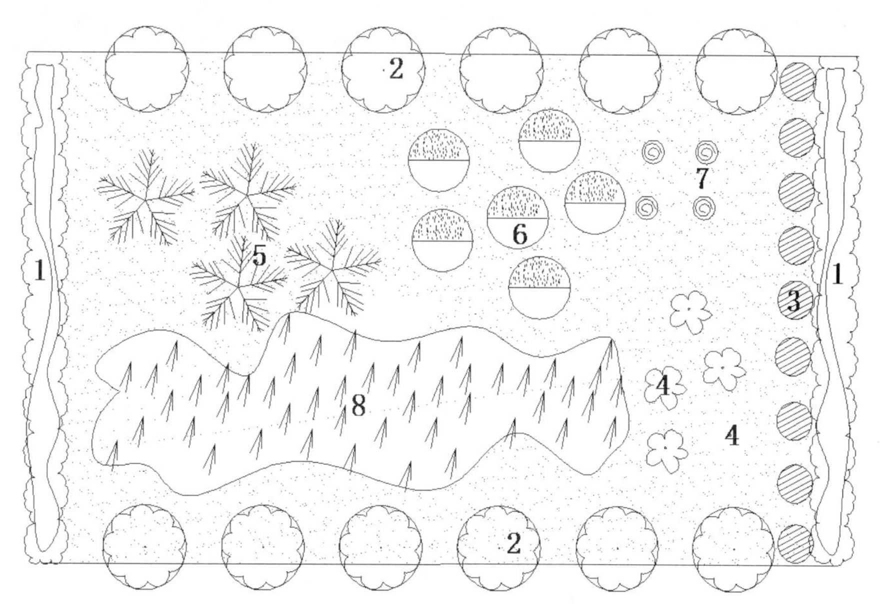

图3-13 局部植物绿化种植区

1—瓜子黄杨 2—法国梧桐 3—银杏 4—紫叶李 5—棕榈 6—海桐 7—大叶女贞 8—竹林

注：绿篱宽度为1.5m

子项目2 园林景观工程实训

已知某方亭如图3-14～图3-18所示。根据相关企业定额或本省综合单价，计算各分部分项工程费，并编制相应表格。

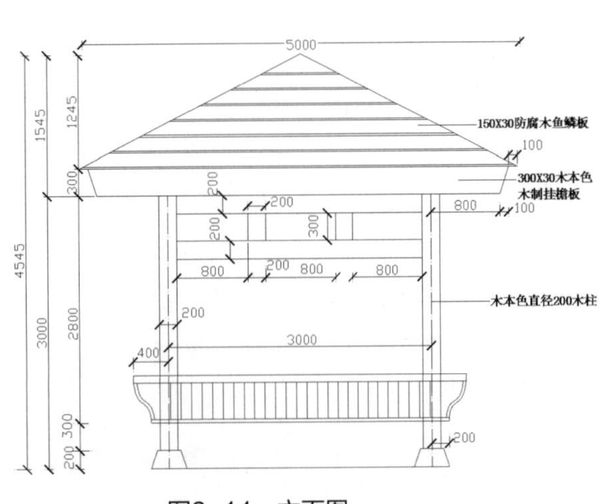

图3-14 立面图

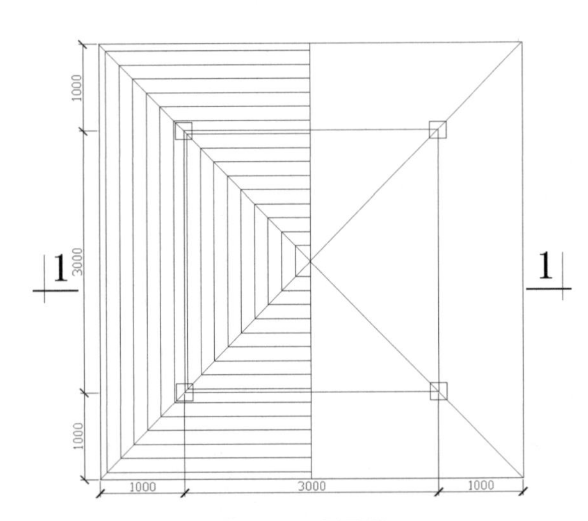

图3-15 平面图

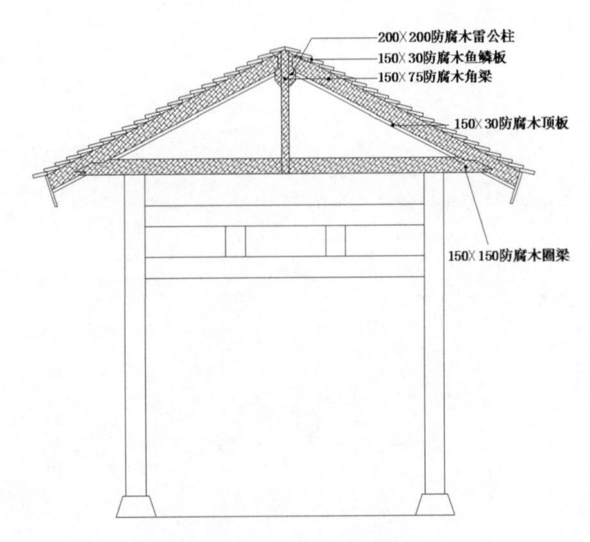

图3-16 方亭1-1剖面图

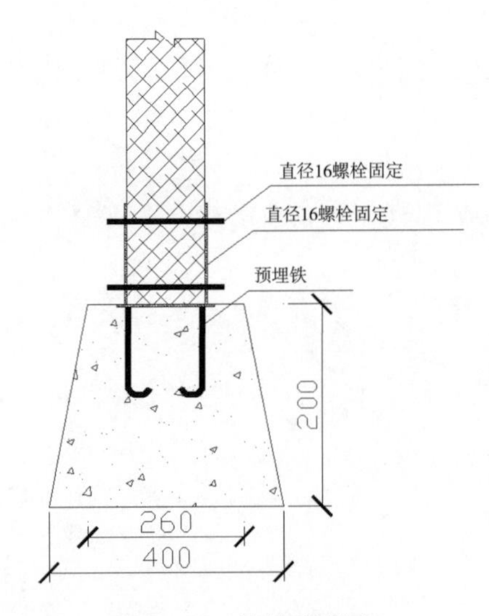

图3-17 柱基础详图

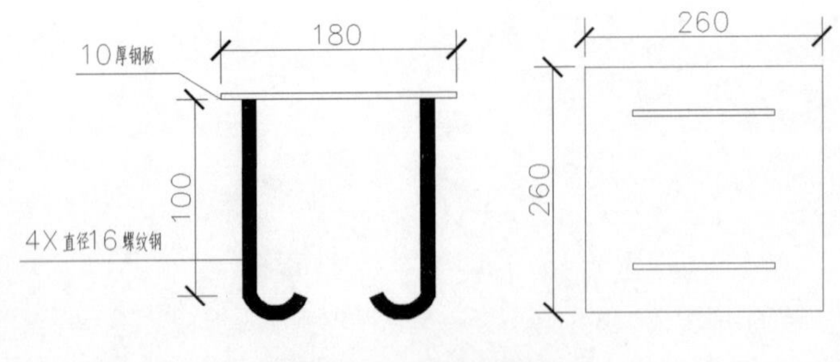

图3-18 预埋铁详图

第四篇

园林绿化工程计价软件应用

项目1 算量软件应用

学习目标：（1）了解算量图形软件的特点；

（2）会利用软件对园林工程进行算量。

学习重点：算量软件操作流程。

学习难点：算量软件操作技巧。

图形算量软件是按照图纸提供的信息定义好各种构件的材质、尺寸、轴网等属性，同时按照图纸信息定义好楼层信息，然后将构件沿着定义好的轴线布置到软件中，最后在汇总计算中软件会自动按照相应的计算规则进行扣减计算，并得到相应的报表。软件算量将手工算量的思路完全内置在软件中，利用计算机和软件快速地进行高效运算，让大家从繁琐的手工计算中彻底解放出来。

目前，建设造价领域各类应用软件非常丰富，不同的软件各有特色。本书为方便学生学习，仅选择了一款造价软件进行介绍，读者也可结合工程项目具体特点，自行选用其他资源。

一、广联达图形算量软件

（一）软件特点

1. 内置计算规则

在图形算量软件中，建立工程项目的过程中内置了清单、定额两种计算规则，简化了造价人员的劳动。

2. 内置清单报表

软件和清单能够紧密结合，完全按照清单规范设计，内置清单各种报表，对每一个实体工程都能够即时选择相应的清单项目，并自动生成12位编码的报表，而且可以涵盖清单项所包含的项目特征和工程内容。

3. 克服手工计算难点

在传统手工计算中，园林景观工程场地的绿化及硬质铺装的异形面积计算较多，采用手工计算量大，而且很难计算准确。应用广联达景观工程图形算量软件可以很好地解决这些问题。

4. 可以直接进行CAD图纸的导入

在广联达景观工程图形算量软件中，还可以直接进行CAD导图。绘图时，利用导入的CAD线条元素并结合广联达软件自带的延伸、镜像、偏移和修剪等工具进行绘制；利用自定义线绘制人行道及林荫步道的路沿石、坐凳、盲沟、给排水管道等线性构件；利用自定义点来绘制不同品种和规格的乔木的数量。处理完后软件计算过程很快，且计算结果相当准确。

（二）软件操作流程

1. 新建工程

点击广联达图形算量软件GCL2008图标，如图4-1所示，点击“新建向导”选项，看到新建文件的窗口，如图4-2（a）、（b）所示工程名称窗口界面。在这个窗口中输入工程名称，如输入“牧野公园传达室”，输入要选择的计价规则和清单库、定额库。在这里我们选择“建设工程工程量清单计价规范计算规则（2008）”，“河南省建筑装饰工程工程量清单综合单价（2008）”。

图4-1 新建文件界面

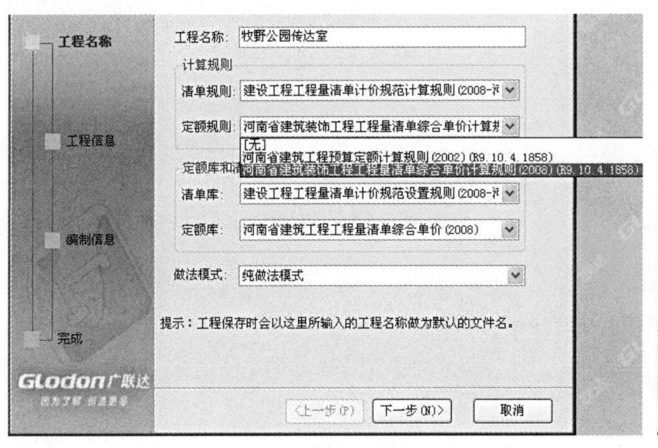

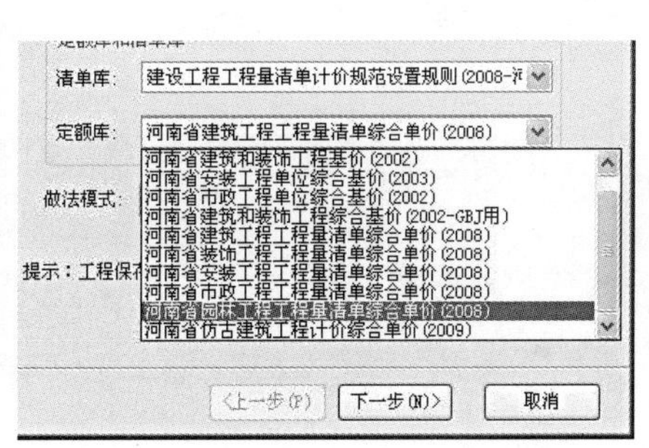

（a）工程名称界面　　（b）工程名称界面定额库的选择

图4-2 工程名称窗口

完成工程名称录入后就进入到下一个步骤：工程信息录入窗口，如图4-3所示，修改室内外地坪标高为－0.45，地下层数为0，地上层数为1，然后点击“下一步”，直到完成。

2. 建立楼层信息

完成新建工程的建立后，就开始进入楼层信息的建立阶段。我们可以看到如图4-4所示楼层建立界面，在此页面中可以修改首层和基础层的层高，如果新建项目不止一层，也可以点击工具栏中的“插入楼层”项目进行添加。

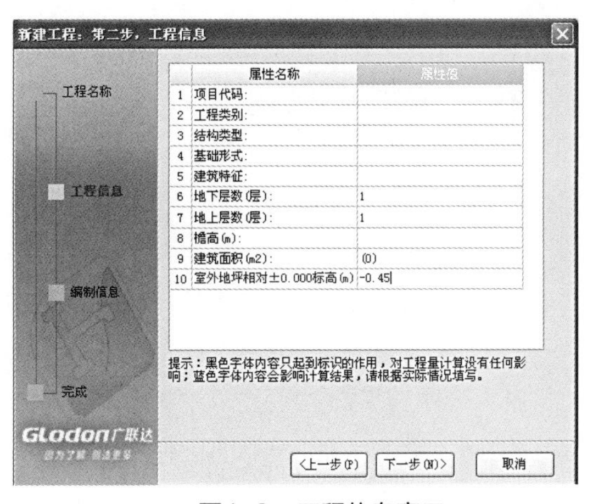

图4-3 工程信息窗口

图4-4 楼层建立窗口

3. 绘制轴网信息

点击左下角“绘图设置”选项，选择“轴线”下“轴网”选项，选择工具栏中“定义”按钮，如图4-5所示；然后出现了新的绘图操作界面，点选“新建”选项下拉列表内的“新建正交轴网”，输入下开间的轴距，如输入4.2m，点击“添加”按钮，就输入了一条轴网，如图4-6所示；依次添加上开间、左进深、右进深等，如图4-7所示。

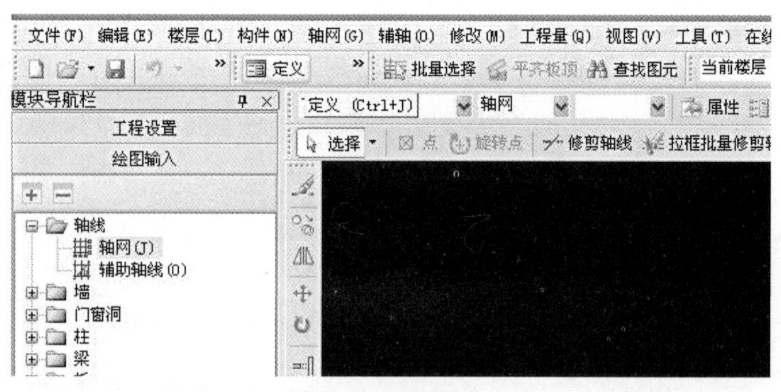

图4-5 轴网定义

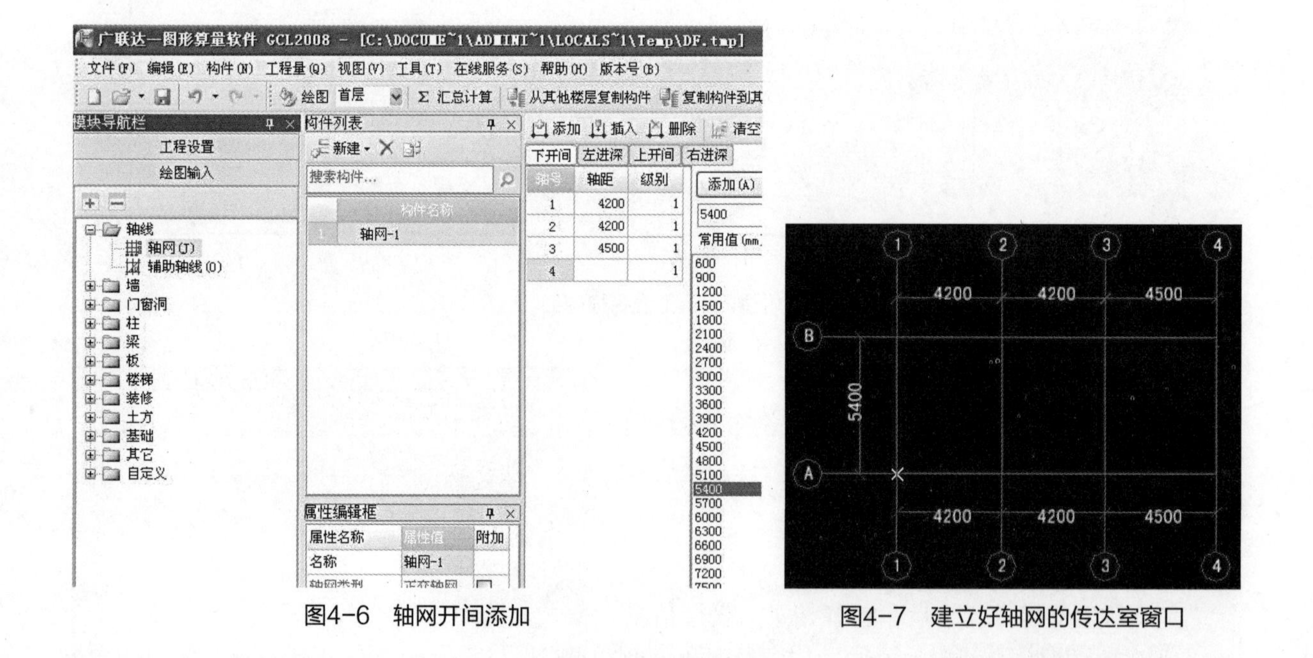

图4-6 轴网开间添加　　图4-7 建立好轴网的传达室窗口

4. 主体的绘制

轴网绘制完成后，就进入主体绘制阶段。按照从±0.000标高部分往上一层、二层等，再依次向下绘制地下室、基础层的顺序，每一层都是先进行主体绘制再进行零星绘制；对于柱、梁、板等构件的绘制，均先定义、后绘图。

（1）柱

① 柱子的定义

点击左边导航按钮的“柱”下列列表“柱”，点击选择工具栏中的“定义”按钮，在出现的操作界面中点击“新建”下拉列表，在这里我们可以看到有“新建矩形柱”、“新建圆形柱”、“新建异形柱”、“新建参数化柱”，可以根据要求选择，例如选择矩形柱，如图4-8所示操作界面。然后在弹出的属性编辑框中可以修改柱子的名称或者截面尺寸、规格等，如图4-9所示。输入完成后，可以继续点击新建，继续下一个柱子的定义。

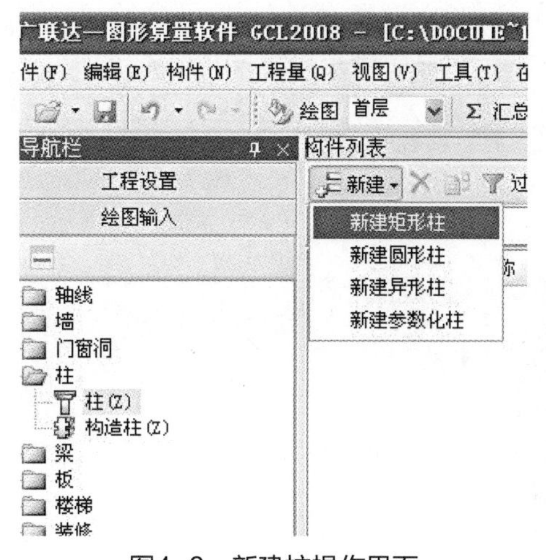

图4-8 新建柱操作界面

图4-9 框架柱属性

柱子建立完后，点击“添加清单”按钮，点击查询，如图4-10所示，在弹出的下拉列表中点击“查询清单库”选项；在显示的清单窗口中选择“混凝土及钢筋混凝土工程”，找到“现浇混凝土柱”项目，点选后出现右图框中的选项，点击选择“矩形柱”即可，如图4-11所示。

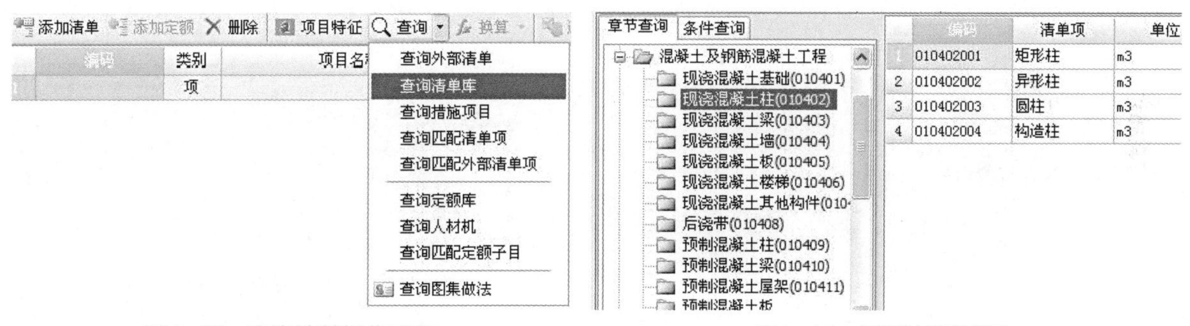

图4-10 查询清单操作界面　　图4-11 矩形柱清单插入

② 柱子的绘制

柱子定义完成后就可以开始进行柱子的绘制工作了。点击工具栏中的“绘图”按钮，出现绘图窗口，如图4-12所示的操作界面，点选要进行绘制的柱子。在绘图区域中绘制框架柱（KZ-1），完成后继续绘制其他柱子。

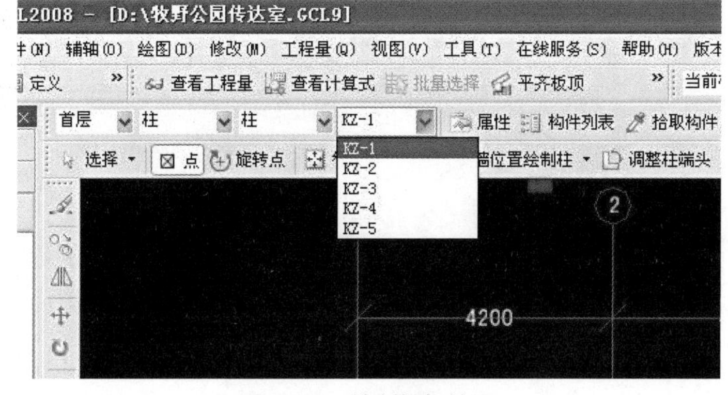

图4-12 绘制框架柱子

③ 柱子工程量汇总

柱子绘制完成后，如果想汇总计算柱子的工程量，也可以进行。点选工具栏中的“汇总计算”按钮，在弹出的对话框中选择要进行汇总计算的楼层，如图4-13所示，点击“确定”就完成汇总。

汇总成功后，可以进行工程量的查看。点击“查看工程量”按钮，在绘图区域中点击要查看的柱类型，如点击第一根柱子，弹出汇总对话框，如图4–14所示，在“查看构件图元工程量”中就可以看到首层KZ–1的工程量。

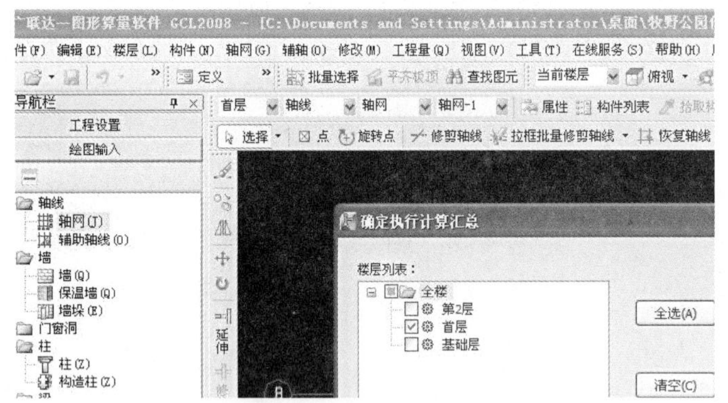

图4–13　汇总首层柱子工程量

查看构件图元工程量

构件工程量　做法工程量

清单工程量　定额工程量　显示房间、组合构件量　过滤构件类型：柱

	分类条件			工程量			
	楼层	名称	类别	柱周长(m)	柱体积(m3)	柱数量(根)	模板体积(m3)
1	首层	KZ-1	框架柱	1.4	0.36	1	0.36
2			小计	1.4	0.36	1	0.36
3		小计		1.4	0.36	1	0.36
4	总计			1.4	0.36	1	0.36

图4–14　查看首层柱子工程量

（2）梁

柱子绘制完成后，用同样的方法可以对梁进行定义。定义完成后，对梁进行绘制。梁在默认情况下采用的是直线绘制方法。如图4–15所示操作界面，在绘图窗口中进行KL–1的绘制，在绘图区域中分别点击梁的端点，点击鼠标右键结束操作，这样，框架梁的绘制工作就完成了，如图4–16所示为绘图效果。

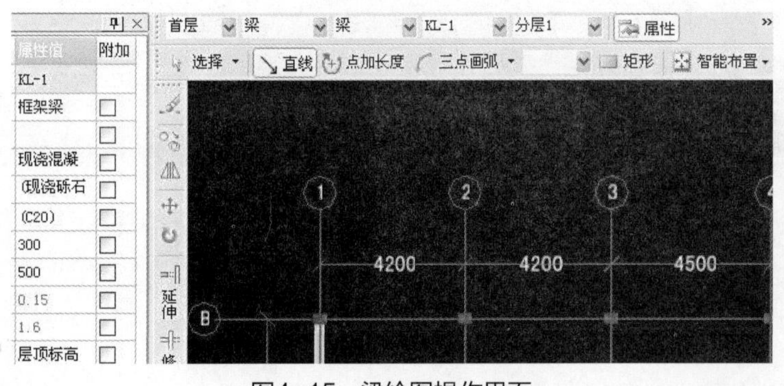

图4–15　梁绘图操作界面

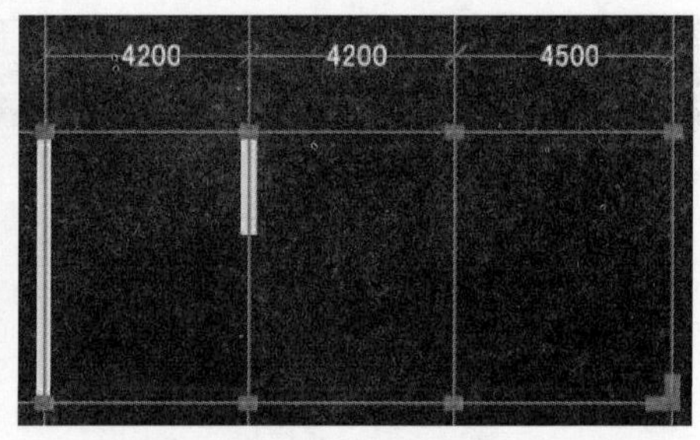

图4–16　绘制梁

（3）板

板的定义方法和前面梁柱一样，定义完成后点击绘图按钮进入绘图区域。默认情况下，板的绘制也是直线模式。在绘制过程中分别点选搁置楼板的端点就可以，如图4–17所示，按照顺时针方向分别点击了板的三个点以后形成下面的效果，继续点击最后一个点形成完整的现浇板。

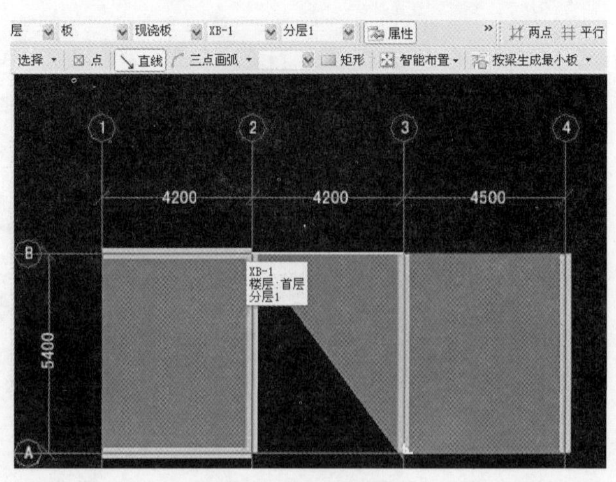

图4–17　绘制板

（4）墙

墙的类型在软件中分为内墙、外墙、虚墙。内外墙定义属性如图4–18所示。绘制墙有很多方法，可以采用直线绘制方法；也可以采用矩形绘

制方法；还可以采用智能方法沿轴线布置，布置完成后就看到墙的输入效果，如图4–19所示。

（5）门窗

门窗定义如图4–20、图4–21所示，门窗采用“点”绘制方法。在图上选择要插入门窗的基准点就可以，也可以采用“精确布置”按钮来精确设置门窗。本例传达室门窗效果如图4–22所示。门窗绘制完成后，还可以绘制门窗过梁，做法和前面一样。

属性编辑框

属性名称	属性值	附加
名称	Q-2	
类别	砌体墙	☐
材质	普通砖	☐
内/外墙标志	内墙	☑
厚度(mm)	150	☐
砂浆类型	(混合砂浆	☐
砂浆标号	(M2.5)	☐
起点顶标高(m)	层顶标高	☐
终点顶标高(m)	层顶标高	☐
起点底标高(m)	层底标高	☐
终点底标高(m)	层底标高	☐
轴线距左墙皮	(75)	☐

图4–18 墙的属性设置

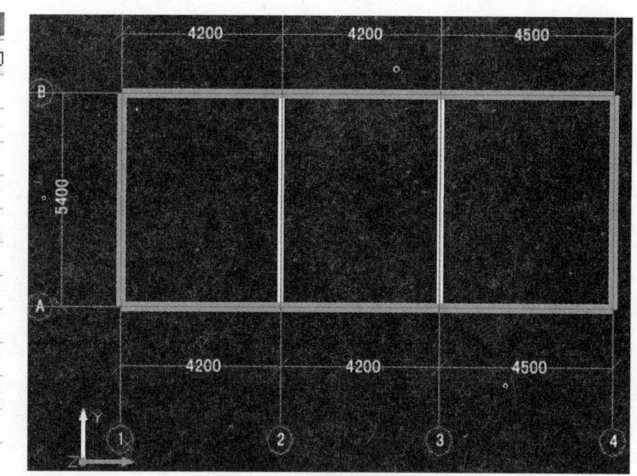

图4–19 墙的绘制效果

属性编辑框

属性名称	属性值	附加
名称	C-1	
洞口宽度(mm)	1500	☐
洞口高度(mm)	1800	☐
框厚(mm)	0	☐
立樘距离(mm)	0	☐
洞口面积(m2)	2.7	☐
离地高度(mm)	900	☐
备注		☐

图4–20 定义窗户

属性编辑框

属性名称	属性值	附加
名称	M-1	
洞口宽度(mm)	900	☐
洞口高度(mm)	2100	☐
框厚(mm)	0	☐
立樘距离(mm)	0	☐
洞口面积(m2)	2.52	☐
离地高度(mm)	0	☐
是否为人防构	否	☐
备注		☐

图4–21 定义门

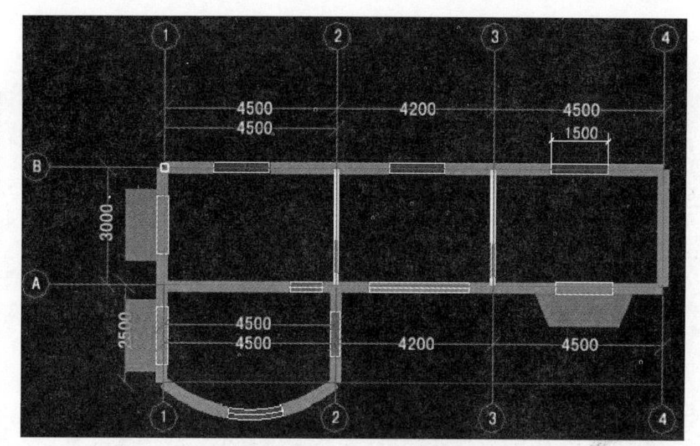

图4–22 门窗效果图

5. 报表输出

图形绘制完成后，进行汇总计算，这样就可以进行报表输出了。点击导航栏中的“报表输出”选项，可以输出如清单汇总表、构建汇总表等，如图4–23、图4–24所示。

清单汇总表

工程名称：牧野公园传达室　　　　**编制日期:2013-03-21**

序号	编码	项目名称	单位	工程量	工程量明细	
					绘图输入	表格输入
1	010302001001	实心砖墙	m^3	3.14	0	3.14
2	010304001001	空心砖墙、砌块墙	m^3	23.1201	23.1201	0
3	010401006001	垫层	m^3	0.6585	0.6585	0
4	010402001001	矩形柱	m^3	6.8314	6.8314	0
5	010403001001	基础梁	m^3	5.67	5.67	0
6	010403002001	矩形梁	m^3	2.1965	2.1965	0
7	010403005001	过梁	m^3	1.381	1.381	0
8	010405001001	有梁板	m^3	1.395	1.395	0
9	010405003001	平板	m^3	1.045	1.045	0
10	020102001001	石材楼地面	m^2	46.6523	46.6523	0
11	020105006001	木质踢脚线	m^2	45.981	45.981	0
12	020201001001	墙面一般抹灰	m^2	77.7875	77.7875	0
13	020201002001	墙面装饰抹灰	m^2	32.4597	32.4597	0
14	020204001001	石材墙面	m^2	37.024	37.024	0
15	020204003001	块料墙面	m^2	60.1707	60.1707	0
16	020301001001	天棚抹灰	m^2	44.5509	44.5509	0

图4–23 清单汇总表

构件做法汇总表

工程名称：牧野公园传达室　　　　编制日期:2013-03-21

编码	项目名称	单位	工程量	表达式说明
绘图输入->首层				
一、墙				
Q-1[外墙]				
010304001001	空心砖墙、砌块墙	m^3	21.786	TJ<墙体积>
Q-2[内墙]				
010304001001	空心砖墙、砌块墙	m^3	1.3341	TJ<墙体积>
二、门				
M-1				
020401001001	镶板木门	m^2	0	
M-2[2100]				
020401003001	实木装饰门	m^2	0	

图4-24　工程量汇总表

6. 导入图形进行算量

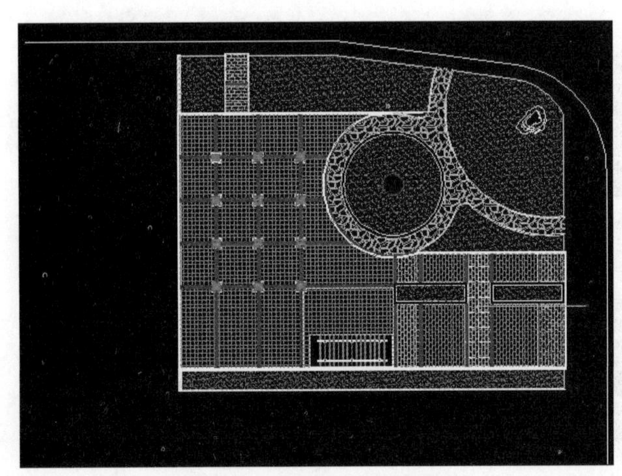

图4-25　景观广场平面图纸

CAD导图功能是图形算量软件的一个最大亮点。下面我们来介绍一下如何进行图纸的导入和计算。如图4-25所示为一个街头广场的平面图，在软件中打开这些图纸需要很长时间，因此可以先对这些图纸进行拆分，然后再进行导入，这样可以提高CAD导入的速度。利用导入的CAD线条元素并结合广联达软件自带的延伸、镜像、偏移和修剪等工具进行绘图编辑；利用自定义线来绘制人行道及林荫步行道的路沿石、坐凳、给排水管道等线性构件；利用自定义点来绘制不同品种和规格的乔木。

二、广联达钢筋抽样软件

广联达钢筋抽样软件可以利用多种输入方法，把繁琐的手工绘制钢筋示意图、单根长度计算、根数计算、单根重量计算、构件总量计算、楼层总量计算等演变成快捷的输入过程，有效降低了造价工作者计算钢筋的强度，极大提高了工作效率。

软件应用：

1. 新建工程

打开广联达钢筋抽样软件，点击“新建向导”选项，看到新建文件的窗口，输入“老年茶室”，出现工程信息窗口，如图4-26所示。在出现的蓝色字体中修改相关内容，如“结构类型”、“设防烈度”、“檐高”等信息，完成后点击“下一步”。

这时窗口出现工程的编制信息，自动显示编制的日期。

点击“下一步”出现了第四个阶段“比重设置”窗口，如图4-27所示。

1	工程类别	
2	项目代号	
3	*结构类型	框架结构
4	基础形式	
5	建筑特征	
6	地下层数(层)	
7	地上层数(层)	
8	*设防烈度	8
9	*檐高(m)	3.5
10	*抗震等级	一级抗震
11	建筑面积(平方米)	

图4-26　工程信息输入操作

继续“下一步”弯钩设置，若不需要修改设置，直接点击

"下一步"就完成了新建文件的操作。

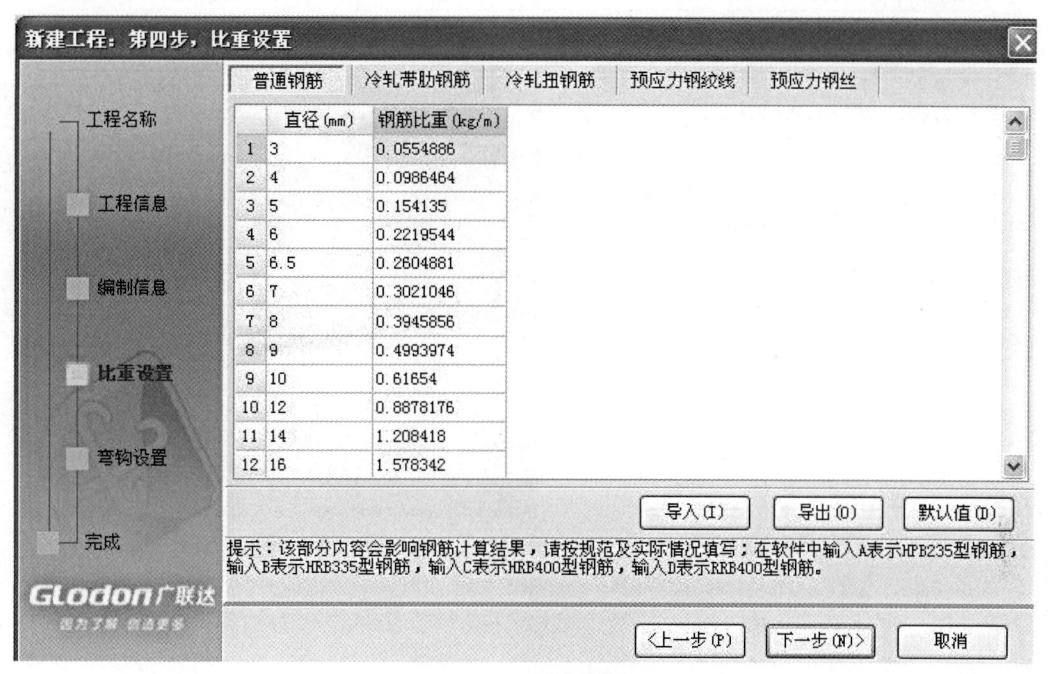

图4-27 钢筋比重设置

2. 建立图形信息

（1）茶室的楼层信息

建立楼层信息的做法和图形算量做法相似，建立好之后，需要对楼层钢筋的信息进行建立和修改，如图4-28所示。钢筋的修改包括钢筋的抗震等级、砼标号、锚固、搭接、保护层等各方面。

	抗震等级	砼标号	锚固					搭接		
			一级钢	二级钢	三级钢	冷轧带肋	冷轧扭	一级钢	二级钢	三级钢
基础	(一级抗震)	C30	(27)	(34/38)	(41/45)	(35)	(35)	(33)	(41/46)	(50/54)
基础梁	(一级抗震)	C30	(27)	(34/38)	(41/45)	(35)	(35)	(33)	(41/46)	(50/54)
框架梁	(一级抗震)	C30	(27)	(34/38)	(41/45)	(35)	(35)	(33)	(41/46)	(50/54)
非框架梁	(非抗震)	C30	(24)	(30/33)	(36/39)	(30)	(35)	(29)	(36/40)	(44/47)
柱	(一级抗震)	C35	(25)	(31/34)	(37/41)	(33)	(35)	(35)	(44/48)	(52/58)
现浇板	(非抗震)	C10 C15	24)	(30/33)	(36/39)	(30)	(35)	(29)	(36/40)	(44/47)
剪力墙	(一级抗震)	C20	25)	(31/34)	(37/41)	(33)	(35)	(30)	(38/41)	(45/50)
人防门框墙	(一级抗震)	C25 C30	27)	(34/38)	(41/45)	(35)	(35)	(38)	(48/54)	(58/63)
墙梁	(一级抗震)	C35	25)	(31/34)	(37/41)	(33)	(35)	(30)	(38/41)	(45/50)

图4-28 钢筋修改操作

（2）柱、梁定义及绘图

柱、梁的定义与图形算量软件类似，定义过程中在右侧"属性编辑器"中可以修改配筋，如图4-29所示。

（3）三维查看

绘制完成后，可以进行三维查看，点击工具栏中的"三维"显示，选择要查看的视角"东南轴测"，梁柱三维效果如图4-30所示；梁钢筋量查看如图4-31所示。用此方法可以绘制出景观工程中的各种花架、廊架、连廊等的梁和柱子，也可以进行园林建筑小品及景观工程中的建筑构件，进而进一步计算出钢筋。

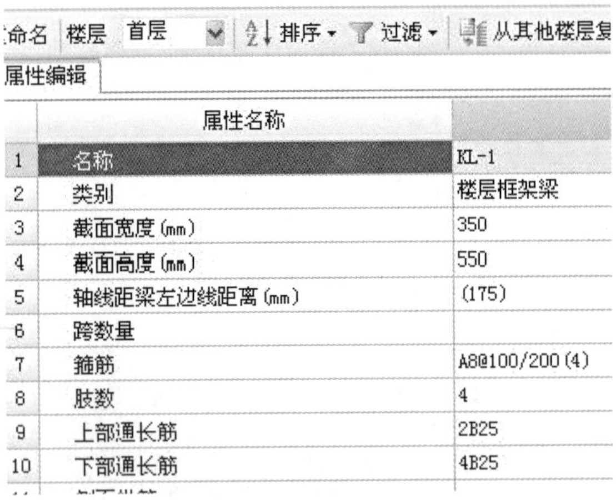
楼层 首层
排序
过滤
从其他楼层复
属性编辑
属性名称
1 名称 KL-1
2 类别 楼层框架梁
3 截面宽度(mm) 350
4 截面高度(mm) 550
5 轴线距梁左边线距离(mm) (175)
6 跨数量
7 箍筋 A8@100/200(4)
8 肢数 4
9 上部通长筋 2B25
10 下部通长筋 4B25

图4-29 梁属性编辑器窗口

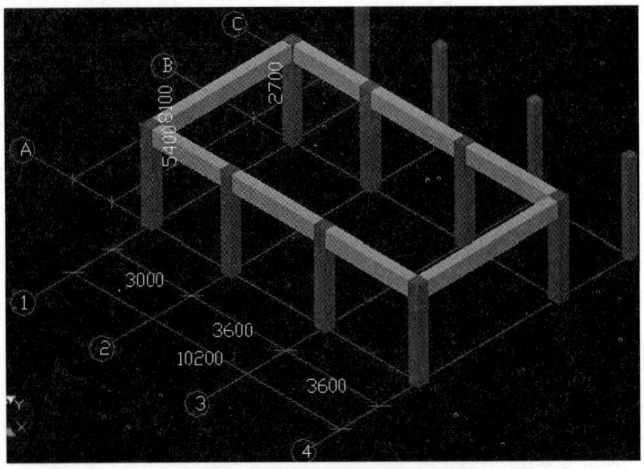
C
B
A
2700
3000
3600
10200
3600
1
2
3
4

图4-30 梁柱三维视图效果

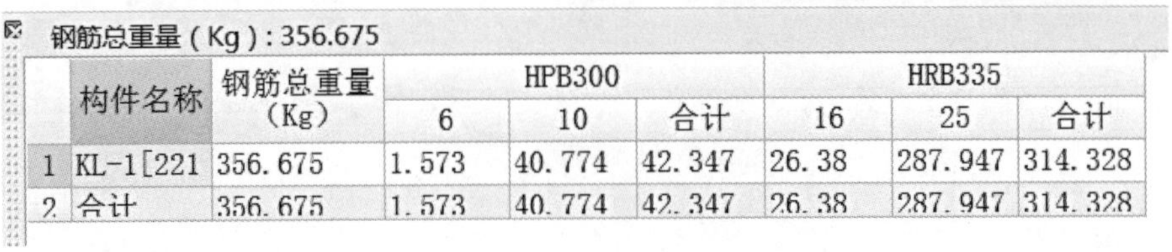

钢筋总重量(Kg):356.675

	构件名称	钢筋总重量(Kg)	HPB300			HRB335		
			6	10	合计	16	25	合计
1	KL-1[221	356.675	1.573	40.774	42.347	26.38	287.947	314.328
2	合计	356.675	1.573	40.774	42.347	26.38	287.947	314.328

图4-31 梁钢筋量查看

3. 汇总计算

绘制完成后点击工具栏中的“汇总计算”按钮，汇总计算完毕后，可查看钢筋量。钢筋抽样软件计算结果简明直观，软件界面简洁，操作简单，也能够灵活进行调整，方便操作者使用。

学后训练

一、基础训练

1. 算量软件一般分为哪几种？

2. 算量软件主要操作流程是什么？

二、综合项目训练

根据学习范本，计算出绿化工程量，运用广联达算量软件计算相关工程量，并与手工算量进行对比，找出不同点并进行修正。

项目2 计价软件应用

学习目标：（1）了解计价软件操作界面；

（2）会利用软件对园林工程进行计价。

学习重点：计价软件操作流程。

学习难点：计价软件操作技巧。

一、广联达计价软件界面

打开广联达计价软件，我们可以看到开始界面。新建单位工程时根据需要可以选择清单计价和定额计价两种计价模式。在这里选择清单计价模式，清单计价模式中分为招标和投标，分别适用于招标方和投标方，然后输入要新建的工程名称。如果有编制好的工程文件，如选择“广场景观绿化预算书2”，然后单击打开文件，如图4-32所示。

图4-32　打开文件界面

计价软件窗口的最左列有标签列条，如分部分项工程、措施项目、其他项目、人机料汇总、报表等，可以分别查看不同的清单报价内容和人机料情况，如图4-33所示。

编辑(E) 视图(V) 工具(T) 导入导出(D) 维护(D) 系统(S) 窗口(W) 在线服务(L) 帮助(H)

预算书设置 属性窗口 局部汇总

添加 补充 查询 存档 整理清单 单价构成 批量换算 其他 展开到 锁定清单

添加分部
添加子分部
添加清单项 Shift+Ctrl+Ins
添加子目 Shift+Ins

		名称	项目特征	单位	工程量表达式	含量	工程量	单价
				m2	4031		4031	
				株	38		38	
050201001002	项	花架下铺装园路	1.垫层厚度、宽度、材料种类:100厚灰土垫层，80厚混凝土垫层 2.路面厚度、宽度、材料种类:20厚黄木纹文化石	m2	20.22		20.22	
2-1	借	土基整理路床		10m2	QDL*1.000004	0.1	2.022	29.16
2-25	借	碎大理石 板路面(1:2.5水泥砂浆)		10m2	QDL*1.000004	0.1	2.022	754.61
1-152	借	地面垫层 混凝土		10m3	QDL*0.080007	0.0080	0.1618	2280.3
1-136	借	地面垫层 3:7灰土		10m3	QDL*0.099999	0.01	0.2022	1098.17
050201002001	项	路牙铺设	1.垫层厚度、材料种类: 2.路牙材料种类、规格:	m	217.297		217.3	
010401001001	项	现浇混凝土花架独立基础，C10混凝土基础垫层，C25砼基础		m3	0.42		0.42	
010401006001	项	柱子基础垫层(C10垫层)		m3	0.384		0.38	
4-13	定	基础垫层混凝土(C10-40(32.5水泥)现浇碎石砼)		10m3	QDL	0.1	0.038	2488.23

图4-33 计价软件操作界面

二、广联达计价软件应用

(一)新建工程

打开软件，点击“新建单位工程”按钮，进入新建单位工程窗口，如图4-34所示。选择“清单计价”计价方式，在下拉列表中可以选择清单库，如点选“建设工程工程量清单计价规范设置规则(2008)”；清单专业中可以选择建筑工程、装饰装修工程、安装工程、市政工程、园林绿化工程等，对应也选择相应的定额库。然后输入工程名称点击“确定”，即完成新建工程的建立。

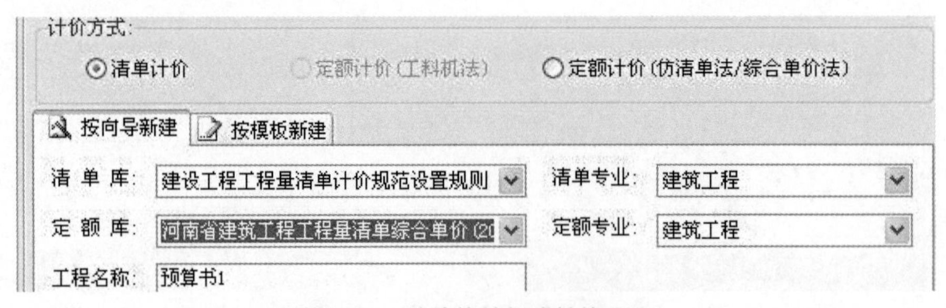

图4-34 计价软件新建单位工程

(二)工程量清单计价文件的编制

1. 分部分项工程清单与计价表的编制

(1)项目输入方法

点击“查询”按钮，弹出对话窗，可以通过清单查询看到此分部分项工程的全部编码和内容，如图4-35所示。广联达计价软件配套了相关的清单和定额，所有的清单和定额子目均可以很方便地查询到。

	编码	清单项	单位
1	050101001	伐树、挖树根	株
2	050101002	砍挖灌木丛	株\株丛
3	050101003	挖竹根	株\株丛
4	050101004	挖芦苇根	m2
5	050101005	清除草皮	m2
6	050101006	整理绿化用地	m2
7	050101007	屋顶花园基底处理	m2

图4-35　查询输入清单项目

插入项目编号后回车，可以看到项目名称和单位自动弹出。我们可以输入工程量，也可以直接在“工程量表达式”目录下进行工程量的计算。计价规范对工程量的计算都给出了统一的计算规则，例如对于挖基础土方，工程量计算规则为“按设计图示尺寸以基础垫层底面积乘以挖土深度计算”。在输入时应严格按照计算规则进行输入，保证计算的准确性。

（2）编辑项目特征

项目编码与工程量输入全部完成之后，可以进行项目特征描述，这是决定工程造价的重要影响因素，也是设置项目清单的依据。我们可以点击中间查看窗口中的“特征与内容”项目，在弹出的下拉列表中进行项目特征的编辑，如图4-36所示。之后可以点选“应用规则到所选清单项”或者“应用规则到全部清单项”，这样就完成了清单特征的编辑。

图4-36　添加项目特征

在此栏内也可进行定额换算、工料机显示等操作。定额换算主要用于清单组价计算中，如图4-37所示为标准换算做法。

（3）分部分项清单的汇总整理

所有工作完成后，可以对清单项目进行清单排序和整理。点击“整理清单”按钮，选择“分部整理”，进行清单的排序和整理，如图4-38所示。

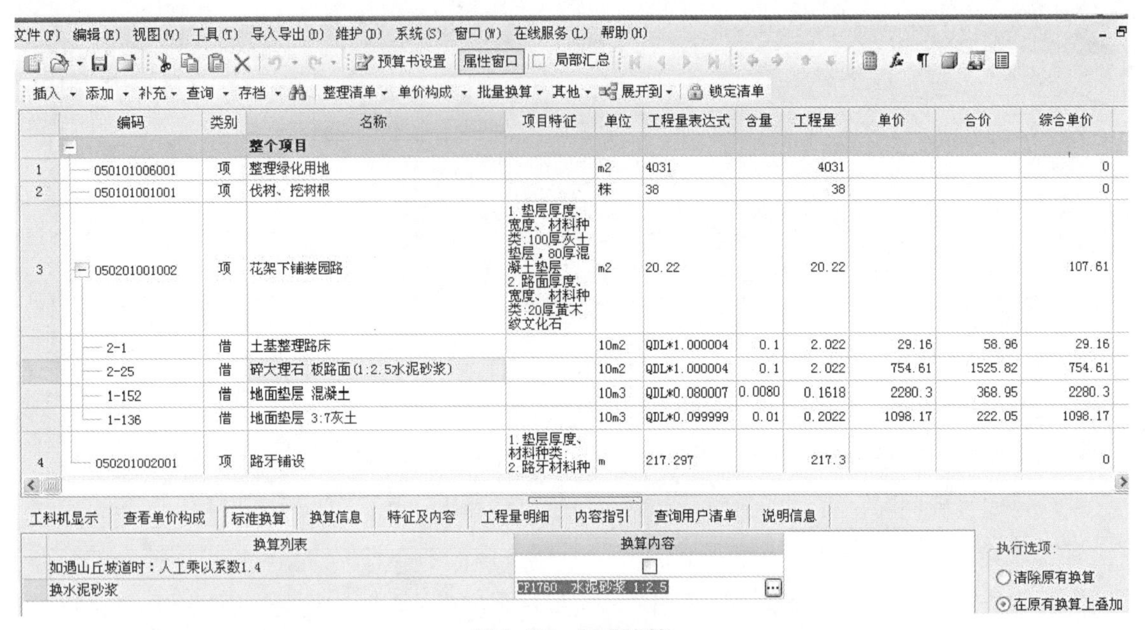

图4-37　标准换算

图4-38　整理完成窗口

2. 措施项目编制

措施项目分为可计量项目和不可计量项目。对于可以计量的措施项目，可以点击“查询”按钮，在弹出的对话窗口中选择相对应的措施项目，例如选择“现场预制混凝土模板”，双击需要添加的项目，如图4-39所示，添加完成后关闭此对话框，然后在主要输入页面中输入相关工程量即可。

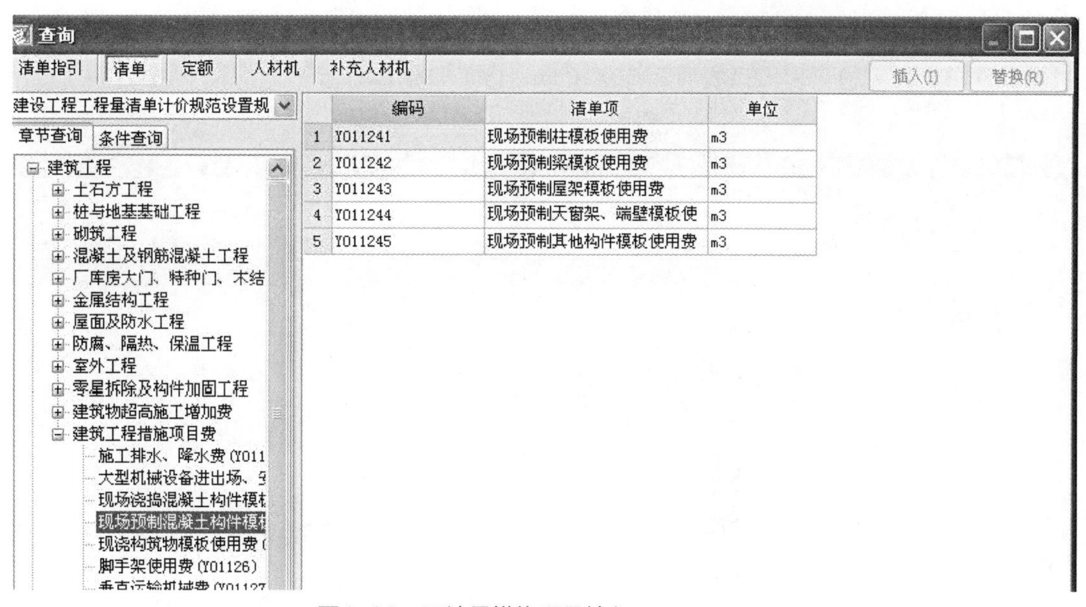

图4-39 可计量措施项目输入

3. 其他项目输入

其他项目的输入方法也很简单，其他项目包括：暂列金额、专业工程暂估价、计日工费用、总承包服务费等。输入计算完成后，对清单进行汇总整理，如图4-40所示。

图4-40 其他项目清单费用

（三）报表查看

工程量清单文件完成后，可以查看相应的清单表格，如图4-41所示。

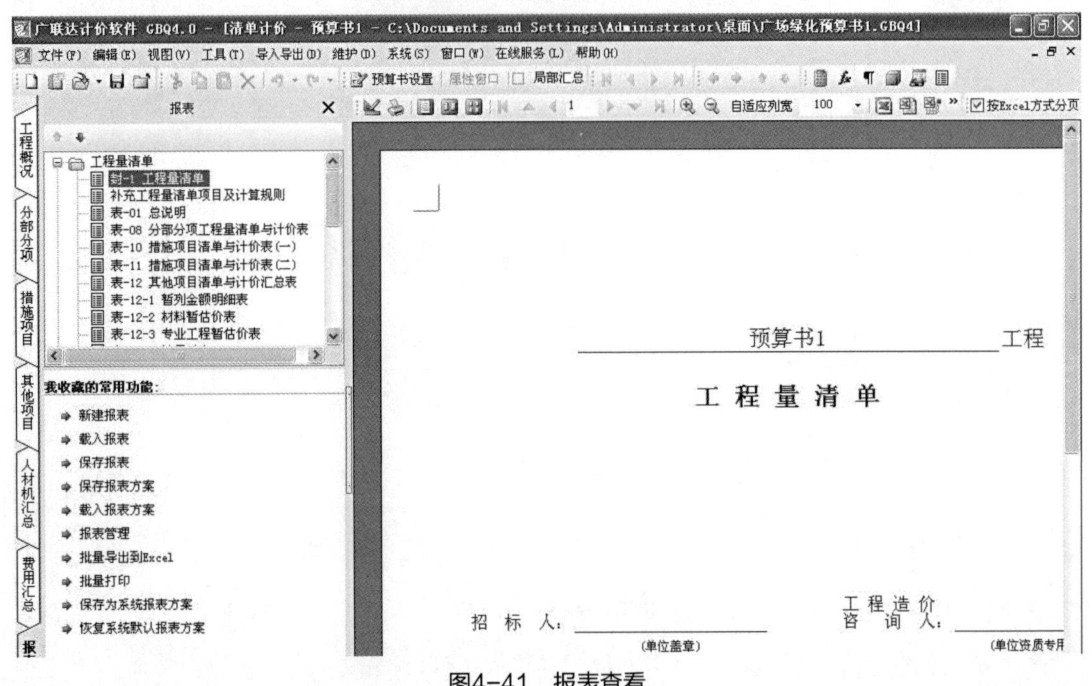

图4-41　报表查看

学后训练

一、基础训练

1. 计价软件如何进行Excel文件的导入、导出？

2. 计价软件主要操作流程是什么？

二、综合项目训练

根据学习范本，计算出绿化工程计价工程量并进行套价，运用广联达计价软件计算出园林工程造价，与手工套价进行对比，找出不同点并进行修正。

第五篇

园林工程计价综合实训

项目1 园林工程施工图计价实训

学习目标： 会根据园林工程施工图纸，手工编制园林工程清单计价表格，并运用计价软件进行组价。

学习重点： 实战编制园林工程清单计价表格。

学习难点： 园林工程计价软件操作应用。

某小区局部园林工程如图5-1～图5-3所示。四周以及圆环处园路宽2m，中间为圆形水池，防水混凝土池壁厚100mm，外壁及水域以上内壁用白色饰面砖装饰，池底素土夯实，填粗砂。根据清单计价规范，计算清单工程量；根据本省企业定额及相关取费规定，求本园林工程总造价，编制相关表格。运用广联达图形算量软件及计价软件进行操作计算。

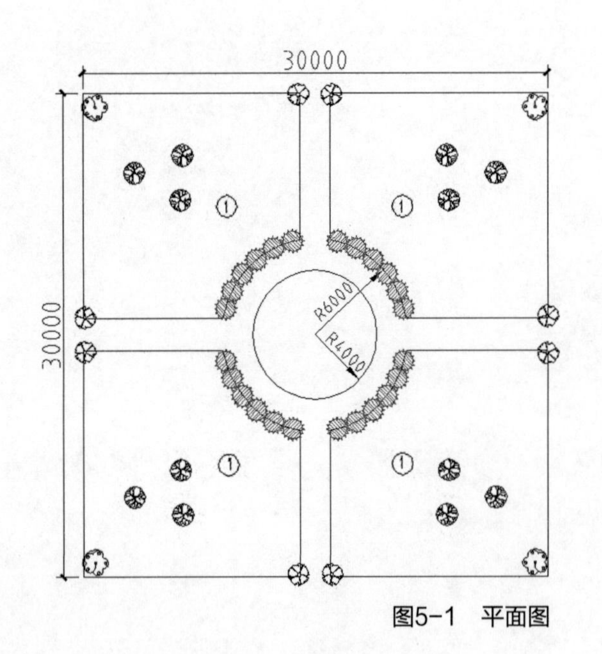

植物图表

序号	图例	名称	规格
1		垂丝海棠	地径：6cm
2		香樟	地径：8cm
3		冬青	H50cm左右
4		梅花	地径：5cm
5	①	麦冬草坪	一年生分栽

图5-1　平面图

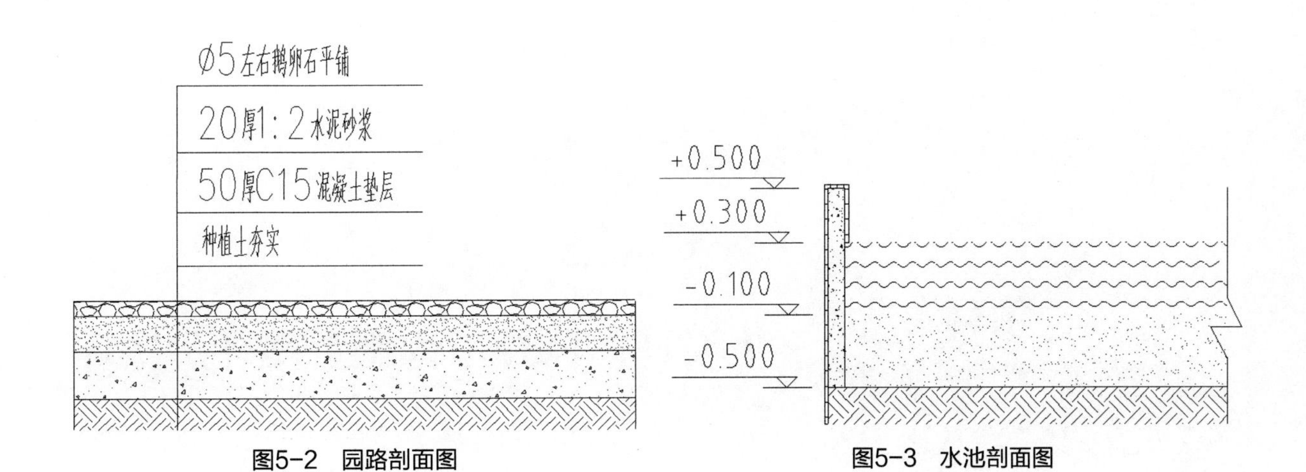

图5-2 园路剖面图

图5-3 水池剖面图

项目2 学生设计的园林工程施工图计价实训

根据学生自己设计的园林工程施工图，计算各清单工程量及工程造价费用，并编制相应表格。

附录一　园林绿化工程工程量计算规范

附录A　绿化工程

A.1 绿地整理

绿地整理工程量清单项目设置、项目特征描述的内容、计量单位、工程量计算规则应按表 A.1 的规定执行。

表A.1　　绿地整理（编码：050101）

项目编码	项目名称	项目特征	计量单位	工程量计算规则	工作内容
050101001	砍伐乔木	树干胸径	株	按数量计算	1. 伐树 2. 废弃物运输 3. 场地清理
050101002	挖树根（蔸）	地径			1. 挖树根 2. 废弃物运输 3. 场地清理
050101003	砍挖灌木丛及根	丛高或蓬径	1. 株 2. m^2	1. 以株计量，按数量计算 2. 以平方米计量，按面积计算	1. 砍挖 2. 废弃物运输 3. 场地清理
050101004	砍挖竹及根	根盘直径	1. 株 2. 丛	按数量计算	
050101005	砍挖芦苇及根	根盘丛径	m^2	按面积计算	1. 芦苇及根砍挖 2. 废弃物运输 3. 场地清理
050101006	清除草皮	草皮种类			1. 除草 2. 废弃物运输 3. 场地清理
050101007	清除地被植物	植物种类			1. 清除植物 2. 废弃物运输 3. 场地清理
050101008	屋面清理	1. 屋面做法 2. 屋面高度 3. 垂直运输方式		按设计图示尺寸以面积计算	1. 原屋面清扫 2. 废弃物运输 3. 场地清理

续表

<table>
<tr><th>项目编码</th><th>项目名称</th><th>项目特征</th><th>计量单位</th><th>工程量计算规则</th><th>工作内容</th></tr>
<tr><td>050101009</td><td>种植土回（换）填</td><td>1. 回填土质要求
2. 取土运距
3. 回填厚度</td><td>1. m^3
2. 株</td><td>1. 以立方米计量，按设计图示回填面积乘以回填厚度以体积计算
2. 以株计量，按设计图示数量计算</td><td>1. 土方挖、运
2. 回填
3. 找平、找坡
4. 废弃物运输</td></tr>
<tr><td>050101010</td><td>整理绿化用地</td><td>1. 回填土质要求
2. 取土运距
3. 回填厚度
4. 找平找坡要求
5. 弃渣运距</td><td>m^2</td><td>按设计图示尺寸以面积计算</td><td>1. 排地表水
2. 土方挖、运
3. 耙细、过筛
4. 回填
5. 找平、找坡
6. 拍实
7. 废弃物运输</td></tr>
<tr><td>050101011</td><td>绿地起坡造型</td><td>1. 回填土质要求
2. 回填厚度
3. 取土运距
4. 起坡高度</td><td rowspan="2">m^2</td><td rowspan="2">按设计图示尺寸以面积计算</td><td>1. 排地表水
2. 土方挖、运
3. 耙细、过筛
4. 回填
5. 找平、找坡
6. 废弃物运输</td></tr>
<tr><td>050101012</td><td>屋顶花园基底处理</td><td>1. 找平层厚度、砂浆种类、强度等级
2. 防水层种类、做法
3. 排水层厚度、材质
4. 过滤层厚度、材质
5. 回填轻质土厚度、种类
6. 屋面高度
7. 垂直运输方式
8. 阻根层厚度、材质、做法</td><td>1. 抹找平层
2. 防水层铺设
3. 排水层铺设
4. 过滤层铺设
5. 填轻质土壤
6. 阻根层铺设
7. 运输</td></tr>
</table>

注：整理绿化用地项目包含 300mm 以内回填土，厚度 300mm以上回填土，应按现行国家标准《房屋建筑与装饰工程工程量计算规范》GB50854相应项目编码列项。

A.2 栽植花木

栽植花木工程量清单项目设置、项目特征描述的内容、计量单位、工程量计算规则应按表 A.2 的规定执行。

表A.2　　栽植花木（编码：050102）

项目编码	项目名称	项目特征	计量单位	工程量计算规则	工作内容
050102001	栽植乔木	1. 乔木种类 2. 乔木胸径 3. 养护期	株	按设计图示数量计算	1. 起挖 2. 运输 3. 栽植 4. 养护
050102002	栽植灌木	1. 种类 2. 根盘直径 3. 冠丛高 4. 蓬径 5. 起挖方式 6. 养护期	1. 株 2. m^2	1. 以株计量，按设计图示数量计算 2. 以平方米计量，按设计图示尺寸以绿化水平投影面积计算	
050102003	栽植竹类	1. 种类 2. 竹胸径或根盘丛茎 3. 养护期	株	按设计图示数量计算	
050102004	栽植棕榈类	1. 种类 2. 竹高、地径 3. 养护期	株		
050102005	栽植绿篱	1. 种类 2. 篱高 3. 行数、蓬径 4. 单位面积株数 5. 养护期	1. m 2. m^2	1. 以米计量，按设计图示长度以延长米计算 2. 以平方米计量，按设计图示尺寸以绿化水平投影面积计算	
050102006	栽植攀缘植物	1. 植物种类 2. 地径 3. 单位长度株数 4. 养护期	1. 株 2. m	1. 以株计量，按设计图示数量计算 2. 以米计量，按设计图示种植长度以延长米计算	
050102007	栽植色带	1. 苗木、花卉种类 2. 株高或蓬径 3. 单位面积株数 4. 养护期	m^2	按设计图示尺寸以绿化水平投影面积计算	

续表

项目编码	项目名称	项目特征	计量单位	工程量计算规则	工作内容
050102008	栽植花卉	1. 花卉种类 2. 株高或蓬径 3. 单位面积株数 4. 养护期	1. 株（丛、缸） 2. m^2	1. 以株（丛、缸）计量，按设计图示数量计算 2. 以平方米计量，按设计图示尺寸以水平投影面积计算	1. 起挖 2. 运输 3. 栽植 4. 养护
050102009	栽植水生植物	1. 植物种类 2. 株高或蓬径或芽数/株 3. 单位面积株数 4. 养护期	1. 丛（缸） 2. m^2		
050102010	垂直墙体绿化种植	1. 植物种类 2. 生长年数或地（干）径 3. 养护期	1. m^2 2. m	1. 以平方米计量，按设计图示尺寸以绿化水平投影面积计算 2. 以米计量，按设计图示种植长度以延长米计算	1. 起挖 2. 运输 3. 栽植容器安装 4. 栽植 5. 养护
050102011	花卉立体布置	1. 草本花卉种类 2. 高度或蓬径 3. 单位面积株数 4. 种植形式 5. 养护期	1. 单体（处） 2. m^2	1. 以单体（处）计量，按设计图示数量计算 2. 以平方米计量，按设计图示尺寸以面积计算	1. 起挖 2. 运输 3. 栽植 4. 养护
050102012	铺种草皮	1. 草皮种类 2. 铺种方式 3. 养护期	m^2	按设计图示尺寸以绿化投影面积计算	1. 起挖 2. 运输 3. 铺底砂（土） 4. 栽植 5. 养护
050102013	喷播植草	1. 基层材料种类规格 2. 草籽种类 3. 养护期			1. 基层处理 2. 坡地细整 3. 喷播 4. 覆盖 5. 养护
050102014	植草砖内植草	1. 草坪种类 2. 养护期			1. 起挖 2. 运输 3. 覆土（砂） 4. 铺设 5. 养护

续表

项目编码	项目名称	项目特征	计量单位	工程量计算规则	工作内容
050102015	挂网	1. 种类 2. 规格	m^2	按设计图示尺寸以挂网投影面积计算	1. 制作 2. 运输 3. 安放
050102016	箱/钵栽植	1. 箱/钵材料品种 2. 箱/钵外形尺寸 3. 栽植植物种类、规格 4. 土质要求 5. 防护材料种类 6. 养护期	个	按设计图示箱/钵数量计算	1. 制作 2. 运输 3. 安放 4. 栽植 5. 养护

注：1. 挖土外运、借土回填、挖（凿）土（石）方应包括在相关项目内。

2. 苗木计算应符合下列规定：

（1）胸径应为地表面向上 1.2m 高处树干直径；

（2）冠径又称冠幅，应为苗木冠丛垂直投影面的最大直径和最小直径之间的平均值；

（3）蓬径应为灌木、灌丛垂直投影面的直径；

（4）地径应为地表面向上 0.1m 高处树干直径；

（5）干径应为地表面向上 0.3m 高处树干直径；

（6）株高应为地表面至树顶端的高度；

（7）冠丛高应为地表面至乔（灌）木顶端的高度；

（8）篱高应为地表面至绿篱顶端的高度；

（9）养护期应为招标文件中要求苗木种植结束，竣工验收通过后承包人负责养护的时间。

3. 苗木移（假）植应按花木栽植相关项目单独编码列项。

4. 土球包裹材料、打吊针及喷洒生根剂等费用应包含在相应项目内。

5. 墙体绿化浇灌系统按本规范A.3绿地喷灌相关项目单独编码列项。

6. 发包人如有成活率要求时，应在项目特征描述中加以描述。

A.3 绿地喷灌

绿地喷灌工程量清单项目设置、项目特征描述的内容、计量单位、工程量计算规则应按表 A.3 的规定执行。

表A.3 绿地喷灌（编码：050103）

项目编码	项目名称	项目特征	计量单位	工程量计算规则	工作内容
050103001	喷灌管线安装	1. 管道品种、规格 2. 管件品种、规格 3. 管道固定方式 4. 防护材料种类 5. 油漆品种、刷漆遍数	m	按设计图示管道中心线长度以延长米计算，不扣除检查井、阀门、管件及附件所占的长度	1. 管道铺设 2. 管道固筑 3. 水压试验 4. 刷防护材料、油漆
050103002	喷灌配件安装	1. 管道附件、阀门、喷头品种、规格 2. 管道附件、阀门、喷头固定方式 3. 防护材料种类 4. 油漆品种、刷漆遍数	个	按设计图示数量计算	1. 管道附件、阀门、喷头安装 2. 水压试验 3. 刷防护材料、油漆

注：1. 挖填土石方应按现行国家标准《房屋建筑与装饰工程工程量计算规范》GB50854附录 A 相关项目编码列项。

2. 阀门井应按现行国家标准《市政工程工程量计算规范》GB50857相关项目编码列项。

附录B 园路、园桥工程

B.1 园路、园桥工程

园路、园桥工程量清单项目设置、项目特征描述的内容、计量单位、工程量计算规则应按表B.1的规定执行。

表B.1 园路、园桥工程（编码：050201）

项目编码	项目名称	项目特征	计量单位	工程量计算规则	工作内容
050201001	园路	1. 路床土石类别 2. 垫层厚度、宽度、材料种类 3. 路面厚度、宽度、材料种类 4. 砂浆强度等级	m^2	按设计图示尺寸以面积计算，不包括路牙	1. 路基、路床整理 2. 垫层铺筑 3. 路面铺筑 4. 路面养护
050201002	踏（蹬）道			按设计图示尺寸以水平投影面积计算，不包括路牙	
050201003	路牙铺设	1. 垫层厚度、材料种类 2. 路牙材料种类、规格 3. 砂浆强度等级	m	按设计图示尺寸以长度计算	1. 基层清理 2. 垫层铺设 3. 路牙铺设
050201004	树池围牙、盖板(篦子)	1. 围牙材料种类、规格 2. 铺设方式 3. 盖板材料种类、规格	1. m 2. 套	1. 以米计量，按设计图示尺寸以长度计算 2. 以套计量，按设计图示数量计算	1. 清理基层 2. 围牙、盖板运输 3. 围牙、盖板铺设
050201005	嵌草砖铺装	1. 垫层厚度 2. 铺设方式 3. 嵌草砖品种、规格、颜色 4. 漏空部分填土要求	m^2	按设计图示尺寸以面积计算	1. 原土夯实 2. 垫层铺设 3. 铺砖 4. 填土

续表

项目编码	项目名称	项目特征	计量单位	工程量计算规则	工作内容
050201006	桥基础	1. 基础类型 2. 垫层及基础材料种类、规格 3. 砂浆强度等级	m^3	按设计图示尺寸以体积计算	1. 垫层铺筑 2. 起重架搭拆 3. 基础砌筑 4. 砌石
050201007	石桥墩、石桥台	1. 石料种类、规格 2. 勾缝要求 3. 砂浆强度等级、配合比			1. 石料加工 2. 起重架搭、拆 3. 墩、台、券石、券脸砌筑 4. 勾缝
050201008	拱券石	1. 石料种类、规格 2. 券脸雕刻要求 3. 勾缝要求 4. 砂浆强度等级、配合比			
050201009	石脸制作、安装		m^2	按设计图示尺寸以面积计算	
050201010	金刚墙砌筑		m^3	按设计图示尺寸以体积计算	1. 石料加工 2. 起重架搭、拆 3. 砌石 4. 填土夯实
050201011	石桥面铺筑	1. 石料种类、规格 2. 找平层厚度、材料种类 3. 勾缝要求 4. 混凝土强度等级 5. 砂浆强度等级	m^2	按设计图示尺寸以面积计算	1. 石材加工 2. 抹找平层 3. 起重架搭、拆 4. 桥面、桥面踏步铺设 5. 勾缝
050201012	石桥面檐板	1. 石料种类、规格 2. 勾缝要求 3. 砂浆强度等级、配合比			1. 石材加工 2. 檐板铺设 3. 铁锔、银锭安装 4. 勾缝
050201013	石汀步（步石、飞石）	1. 石料种类、规格 2. 砂浆强度等级、配合比	m^3	按设计图示尺寸以体积计算	1. 基层整理 2. 石材加工 3. 砂浆调运 4. 砌石

续表

项目编码	项目名称	项目特征	计量单位	工程量计算规则	工作内容
050201014	木制步桥	1. 桥宽度 2. 桥长度 3. 木材种类 4. 各部位截面长度 5. 防护材料种类	m^2	按桥面板设计图示尺寸以面积计算	1. 木桩加工 2. 打木桩基础 3. 木梁、木桥板、木桥栏杆、木扶手制作、安装 4. 连接铁件、螺栓安装 5. 刷防护材料
050201015	栈道	1. 栈道宽度 2. 支架材料种类 3. 面层材料种类 4. 防护材料种类	m^2	按栈道设计图示尺寸以面积计算	1. 凿洞 2. 安装支架 3. 铺设面板 4. 刷防护材料

注：1. 园路、园桥工程的挖土方、开凿石方、回填等应按现行国家标准《市政工程工程量计算规范》GB50857相关项目编码列项。

2. 如遇某些构配件使用钢筋混凝土或金属构件时，应按现行国家标准《房屋建筑与装饰工程工程量计算规范》GB50854或《市政工程工程量计算规范》GB50857相关项目编码列项。

3. 地伏石、石望柱、石栏杆、石栏板、扶手、撑鼓等应按现行国家标准《仿古建筑工程工程量计算规范》GB50855相关项目编码列项。

4. 亲水（小）码头各分部分项项目按照园桥相应项目编码列项。

5. 台阶项目按现行国家标准《房屋建筑与装饰工程工程量计算规范》GB50854相关项目编码列项。

6. 混合类构件园桥按现行国家标准《房屋建筑与装饰工程工程量计算规范》GB50854或《通用安装工程工程量计算规范》GB50856相关项目编码列项。

B.2 驳岸、护岸

驳岸、护岸工程量清单项目设置、项目特征描述的内容、计量单位、工程量计算规则应按表B.2的规定执行。

表B.2 驳岸、护岸(编码:050202)

项目编码	项目名称	项目特征	计量单位	工程量计算规则	工作内容
050202001	石（卵石）砌驳岸	1. 石料种类、规格 2. 驳岸截面、长度 3. 勾缝要求 4. 砂浆强度等级、配合比	1. m^3 2. t	1. 以立方米计量，按设计图示尺寸以体积计算 2. 以吨计量，按重量计算	1. 石料加工 2. 砌石 3. 勾缝

续表

项目编码	项目名称	项目特征	计量单位	工程量计算规则	工作内容
050202002	原木桩驳岸	1. 木材种类 2. 桩直径 3. 桩单根长度 4. 防护材料种类	1. m 2. 根	1. 以米计量，按设计图示桩长（包括桩尖）计算 2. 以根计量，按设计图示数量计算	1. 木桩加工 2. 打木桩 3. 刷防护材料
050202003	满（散）铺砂卵石护岸（自然护岸）	1. 护岸平均宽度 2. 粗细砂比例 3. 卵石粒径	1. m^2 2. t	1. 以平方米计量，按设计图示平均护岸展开面积计算 2. 以吨计量，按卵石使用重量计算	1. 修边坡 2. 铺卵石
050202004	点（散）布大卵石	1. 大卵石粒径 2. 数量	1. 块（个） 2. t	1. 以块（个）计量，按设计图示数量计算 2. 以吨计量，按卵石使用重量计算	
050202005	框格花木护坡	1. 护岸平均宽度 2. 护坡材质 3. 框格种类与规格	m^2	按设计图示尺寸展开宽度乘以长度以面积计算	1. 修边坡 2. 安放框格

注：1. 驳岸工程的挖土方、开凿石方、回填等应按现行国家标准《房屋建筑与装饰工程工程量计算规范》GB50854相关项目编码列项。

2. 木桩钎（梅花桩）按原木桩驳岸项目单独编码列项。

3. 钢筋混凝土仿木桩驳岸，其钢筋混凝土及表面装饰按现行国家标准《房屋建筑与装饰工程工程量计算规范》GB50854相关项目编码列项；若表面“塑松皮”按附录C“园林景观工程”相关项目编码列项。

4. 框格花木护坡的铺草皮、撒草籽等应按附录A“绿化工程”相关项目编码列项。

附录C 园林景观工程

C.1 堆塑假山

堆塑假山工程量清单项目设置、项目特征描述的内容、计量单位、工程量计算规则应按表 C.1 的规定执行。

表C.1 堆塑假山（编码：050301）

项目编码	项目名称	项目特征	计量单位	工程量计算规则	工作内容
050301001	堆筑土山丘	1. 土丘高度 2. 土丘坡度要求 3. 土丘底外接矩形面积	m^3	按设计图示山丘水平投影外接矩形面积乘以高度的 1/3 以体积计算	1. 取土、运土 2. 堆砌、夯实 3. 修整
050301002	堆砌石假山	1. 堆砌高度 2. 石料种类、单块重量 3. 混凝土强度等级 4. 砂浆强度等级、配合比	t	按设计图示尺寸以重量计算	1. 选料 2. 起重机搭、拆 3. 堆砌、修整
050301003	塑假山	1. 假山高度 2. 骨架材料种类、规格 3. 山皮料种类 4. 混凝土强度等级 5. 砂浆强度等级、配合比 6. 防护材料种类	m^2	按设计图示尺寸以展开面积计算	1. 骨架制作 2. 假山胎模制作 3. 塑假山 4. 山皮料安装 5. 刷防护材料
050301004	石笋	1. 石笋高度 2. 石笋材料种类 3. 砂浆强度等级、配合比	支	1. 以块（支、个）计量，按设计图示数量计算 2. 以吨计量，按设计图示石料重量计算	1. 选石料 2. 石笋安装
050301005	点风景石	1. 石料种类 2. 石料规格、重量 3. 砂浆配合比	1. 块 2. t		1. 选石料 2. 起重架搭、拆 3. 点石
050301006	池、盆景置石	1. 底盘种类 2. 山石高度 3. 山石种类 4. 混凝土砂浆强度等级 5. 砂浆强度等级、配合比	1. 座 2. 个		1. 底盘制作、安装 2. 池、盆景山石安装、砌筑
050301007	山（卵）石护角	1. 石料种类、规格 2. 砂浆配合比	m^3	按设计图示尺寸以体积计算	1. 石料加工 2. 砌石

续表

项目编码	项目名称	项目特征	计量单位	工程量计算规则	工作内容
050301008	山坡（卵）石台阶	1．石料种类、规格 2．台阶坡度 3．砂浆强度等级	m^2	按设计图示尺寸以水平投影面积计算	1．选石料 2．台阶砌筑

注：1．假山（堆筑土山丘除外）工程的挖土方、开凿石方、回填等应按现行国家标准《房屋建筑与装饰工程工程量计算规范》GB50854相关项目编码列项。

2．如遇某些构配件使用钢筋混凝土或金属构件时，应按现行国家标准《房屋建筑与装饰工程工程量计算规范》GB50854相关项目编码列项。

3．散铺河滩石按点风景石项目单独编码列项。

4．堆筑土山丘，适用于夯填、堆筑而成。

C.2 原木、竹构件

原木、竹构件工程量清单项目设置、项目特征描述的内容、计量单位、工程量计算规则应按表C.2的规定执行。

表C.2　　原木、竹构件（编码：050302）

项目编码	项目名称	项目特征	计量单位	工程量计算规则	工作内容
050302001	原木（带树皮）柱、梁、檩、椽	1．原木种类 2．原木稍径（不含树皮厚度） 3．墙龙骨材料种类、规格 4．墙底层材料种类、规格 5．构件连接方式 6．防护材料种类	m	按设计图示尺寸以长度计算（包括榫长）	1．构件制作 2．构件安装 3．刷防护材料
050302002	原木（带树皮）墙		m^2	按设计图示尺寸以面积计算（不包括柱、梁）	
050302003	树枝吊挂楣子			按设计图示尺寸以框外围面积计算	
050302004	竹柱、梁、檩、椽	1．竹种类 2．竹梢径 3．连接方式 4．防护材料种类	m	按设计图示尺寸以长度计算	
050302005	竹编墙	1．竹种类 2．墙龙骨材料种类、规格 3．墙底层材料种类、规格 4．防护材料种类	m^2	按设计图示尺寸以面积计算（不包括柱、梁）	
050302006	竹吊挂楣子	1．竹种类 2．竹梢径 3．防护材料种类		按设计图示尺寸以框外围面积计算	

注：1．木构件连接方式应包括：开榫连接、铁件连接、扒钉连接、铁钉连接。

2．竹构件连接方式应包括：竹钉固定、竹篾绑扎、铁丝连接。

C.3 亭廊屋面

亭廊屋面工程量清单项目设置、项目特征描述的内容、计量单位、工程量计算规则应按表C.3的规定执行。

表C.3　　　　亭廊屋面（编码：050303）

项目编码	项目名称	项目特征	计量单位	工程量计算规则	工作内容
050303001	草屋面	1. 屋面坡度 2. 铺草种类 3. 竹材种类 4. 防护材料种类	m^2	按设计图示尺寸以斜面计算	1. 整理、选料 2. 屋面铺设 3. 刷防护材料
050303002	竹屋面			按设计图示尺寸以实铺面积计算（不包括柱、梁）	
050303003	树皮屋面			按设计图示尺寸以屋面结构外围面积计算	
050303004	油毡瓦屋面	1. 冷底子油品种 2. 冷底子油涂刷遍数 3. 油毡瓦颜色规格		按设计图示尺寸以斜面计算	1. 清理基层 2. 材料裁接 3. 刷油 4. 铺设
050303005	预制混凝土穹顶	1. 穹顶弧长、直径 2. 肋截面尺寸 3. 板厚 4. 混凝土强度等级 5. 拉杆材质、规格	m^3	按设计图示尺寸以体积计算。混凝土脊和穹顶的肋、基梁并入屋面体积	1. 制作 2. 运输 3. 安装 4. 接头灌缝、养护
050303006	彩色压型钢板（夹芯板）攒尖亭屋面板	1. 屋面坡度 2. 穹顶弧长、直径 3. 彩色压型钢板（夹芯板）品种、规格、品牌、颜色 4. 拉杆材质、规格 5. 嵌缝材料种类 6. 防护材料种类	m^2	按设计图示尺寸以实铺面积计算	1. 压型板安装 2. 护角、包角、泛水安装 3. 嵌缝 4. 刷防护材料
050303007	彩色压型钢板（夹芯板）穹顶				
050303008	玻璃屋面	1. 屋面坡度 2. 龙骨材质、规格 3. 玻璃材质、规格 4. 防护材料种类			1. 制作 2. 运输 3. 安装

续表

项目编码	项目名称	项目特征	计量单位	工程量计算规则	工作内容
050303009	木屋面	1. 木种类 2. 防护层处理			1. 制作 2. 运输 3. 安装

注：1. 柱顶石（磉蹬石）、钢筋混凝土屋面板、钢筋混凝土亭屋面板、木柱、木屋架、钢柱、钢屋架、屋面木基层和防水层等，应按现行国家标准《房屋建筑与装饰工程工程量计算规范》GB50854相关项目编码列项。

2. 膜结构的亭、廊，应按现行国家标准《仿古建筑工程工程量计算规范》GB50855相关项目编码列项。

3. 竹构件连接方式应包括：竹钉固定、竹篾绑扎、铁丝连接。

C.4 花架

花架工程量清单项目设置、项目特征描述的内容、计量单位、工程量计算规则应按表 C.4的规定执行。

表C.4　　花架（编码：060304）

项目编码	项目名称	项目特征	计量单位	工程量计算规则	工作内容
050304001	现浇混凝土花架柱、梁	1. 柱截面、高度、根数 2. 盖梁截面、高度、根数 3. 连系梁截面、高度、根数 4. 混凝土强度等级	m^3	按设计图示尺寸以体积计算	1. 模板制作、运输、安装、拆除、保养 2. 混凝土制作、运输、浇筑、振捣、养护
050304002	预制混凝土花架柱、梁	1. 柱截面、高度、根数 2. 盖梁截面、高度、根数 3. 连系梁截面、高度、根数 4. 混凝土强度等级 5. 砂浆配合比			1. 模板制作、运输、安装、拆除、保养 2. 混凝土制作、运输、浇筑、振捣、养护 3. 构件运输、安装 4. 砂浆制作、运输 5. 接头灌缝、养护
050304004	金属花架柱、梁	1. 钢材品种、规格 2. 柱、梁截面 3. 油漆品种、刷漆遍数	t	按设计图示尺寸以重量计算	1. 制作、运输 2. 安装 3. 油漆
050304003	木花架柱、梁	1. 木材种类 2. 柱、梁截面 3. 连接方式 4. 防护材料种类	m^3	按设计图示截面乘长度（包括榫长）以体积计算	1. 构件制作、运输、安装 2. 刷防护材料、油漆

续表

项目编码	项目名称	项目特征	计量单位	工程量计算规则	工作内容
050304005	竹花架柱、梁	1. 竹种类 2. 竹胸径 3. 油漆品种、刷漆遍数	1. m 2. 根	1. 以长度计量，按设计图示花架构件尺寸以延长米计算 2. 以根计量，按设计图示数量计算	1. 制作、运输 2. 安装 3. 油漆

注：花架基础、玻璃天棚、表面装饰及涂料项目应按现行国家标准《房屋建筑与装饰工程工程量计算规范》GB50854中相关项目编码列项。

C.5 园林桌椅

园林桌椅工程量清单项目设置、项目特征描述的内容、计量单位、工程量计算规则应按表C.5的规定执行。

表C.5 园林桌椅（050305）

项目编码	项目名称	项目特征	计量单位	工程量计算规则	工作内容
050305001	预制钢筋混凝土飞来椅	1. 座凳面厚度、宽度 2. 靠背扶手截面 3. 靠背截面 4. 座凳楣子形状、尺寸 5. 混凝土强度等级 6. 砂浆配合比 7. 油漆品种、刷油遍数	m	按设计图示尺寸以座凳面中心线长度计算	1. 模板制作、运输、安装、拆除、保养 2. 混凝土制作、运输、浇筑、振捣、养护 3. 构件运输、安装 4. 砂浆制作、运输、抹面、养护 5. 接头灌缝、养护
050305002	水磨石飞来椅	1. 座凳面厚度、宽度 2. 靠背扶手截面 3. 靠背截面 4. 座凳楣子形状、尺寸 5. 砂浆配合比			1. 砂浆制作、运输 2. 制作 3. 运输 4. 安装

续表

项目编码	项目名称	项目特征	计量单位	工程量计算规则	工作内容
050305003	竹制飞来椅	1. 竹材种类 2. 座凳面厚度、宽度 3. 靠背扶手截面 4. 靠背截面 5. 座凳楣子形状 6. 铁件尺寸、厚度 7. 防护材料种类		按设计图示尺寸以座凳面中心线长度计算	1. 座凳面、靠背扶手、靠背、楣子制作、安装 2. 铁件安装 3. 刷防护材料
050305004	现浇混凝土桌凳	1. 桌凳形状 2. 基础尺寸、埋设深度 3. 桌面尺寸、支墩高度 4. 凳面尺寸、支墩高度 5. 混凝土强度等级、砂浆配合比	个	按设计图示数量计算	1. 模板制作、运输、安装、拆除、保养 2. 混凝土制作、运输、浇筑、振捣、养护 3. 砂浆制作、运输
050305005	预制混凝土桌凳	1. 桌凳形状 2. 基础形状、尺寸、埋设深度 3. 桌面形状、尺寸、支墩高度 4. 凳面尺寸、支墩高度 5. 混凝土强度等级 6. 砂浆配合比			1. 模板制作、运输、安装、拆除、保养 2. 混凝土制作、运输、浇筑、振捣、养护 3. 构件运输、安装 4. 砂浆制作、运输 5. 接头灌缝、养护
050305006	石桌石凳	1. 石材种类 2. 基础形状、尺寸、埋设深度 3. 桌面形状、尺寸、支墩高度 4. 凳面尺寸、支墩高度 5. 混凝土强度等级 6. 砂浆配合比	个	按设计图示数量计算	1. 土方挖运 2. 桌凳制作 3. 砂浆制作、运输 4. 桌凳安装
050305007	水磨石桌凳	1. 基础形状、尺寸、埋设深度 2. 桌面形状、尺寸、支墩高度 3. 凳面尺寸、支墩高度 4. 混凝土强度等级 5. 砂浆配合比			1. 桌凳制作 2. 桌凳运输 3. 桌凳安装 4. 砂浆制作、运输

续表

项目编码	项目名称	项目特征	计量单位	工程量计算规则	工作内容
050305008	塑树根桌凳	1. 桌凳直径 2. 桌凳高度 3. 砖石种类 4. 砂浆强度等级、配合比 5. 颜料品种、颜色	个	按设计图示数量计算	1. 砂浆制作、运输 2. 砖石砌筑 3. 塑树皮 4. 绘制木纹
050305009	塑树节椅				
050305010	塑料、铁艺、金属椅	1. 木座板面截面 2. 座椅规格、颜色 3. 混凝土强度等级 4. 防护材料种类			1. 制作 2. 安装 3. 刷防护材料

注：木制飞来椅按现行国家标准《仿古建筑工程工程量计算规范》GB50855相关项目编码列项。

C.6 喷泉安装

喷泉安装工程量清单项目设置、项目特征描述的内容、计量单位、工程量计算规则应按表 C.6 的规定执行。

表C.6 喷泉安装（编码：050306）

项目编码	项目名称	项目特征	计量单位	工程量计算规则	工作内容
050306001	喷泉管道	1. 管材、管件、阀门、喷头品种 2. 管道固定方式 3. 防护材料种类	m	按设计图示管道中心线长度以延长米计算，不扣除检查井、阀门、管件及附件所占的长度	1. 土（石）方挖运 2. 管材、管件、阀门、喷头安装 3. 刷防护材料 4. 回填
050306002	喷泉电缆	1. 保护管品种、规格 2. 电缆品种、规格			1. 土（石）方挖运 2. 电缆保护管安装 3. 电缆敷设 4. 回填
050306003	水下艺术装饰灯具	1. 灯具品种、规格 2. 灯光颜色	套	按设计图示数量计算	1. 灯具安装 2. 支架制作、运输、安装
050306004	电气控制柜	1. 规格、型号 2. 安装方式	台		1. 电气控制柜（箱）安装 2. 系统调试
050306005	喷泉设备	1. 设备品种 2. 设备规格、型号 3. 防护网品种、规格			1. 设备安装 2. 系统调试 3. 防护网安装

注：1. 喷泉水池应按现行国家标准《房屋建筑与装饰工程工程量计算规范》GB50854中相关项目编码列项。

2. 管架项目按现行国家标准《房屋建筑与装饰工程工程量计算规范》GB50854中相关项目编码列项。

C.7 杂项

杂项工程量清单项目设置、项目特征描述的内容、计量单位、工程量计算规则应按表 C.7的规定执行。

表C.7　　　　杂项（编码：050307）

<table>
<tr><th>项目编码</th><th>项目名称</th><th>项目特征</th><th>计量单位</th><th>工程量计算规则</th><th>工作内容</th></tr>
<tr><td>050307001</td><td>石灯</td><td>1. 石料种类
2. 石灯最大截面
3. 石灯高度
4. 砂浆配合比</td><td rowspan="3">个</td><td rowspan="3">按设计图示数量计算</td><td rowspan="2">1. 制作
2. 安装</td></tr>
<tr><td>050307002</td><td>石球</td><td>1. 石料种类
2. 球体直径
3. 砂浆配合比</td></tr>
<tr><td>050307003</td><td>塑仿石音箱</td><td>1. 音箱石内空尺寸
2. 铁丝型号
3. 砂浆配合比
4. 水泥漆品牌、颜色</td><td>1. 胎模制作、安装
2. 铁丝网制作、安装
3. 砂浆制作、运输
4. 喷水泥漆
5. 埋置仿石音箱</td></tr>
<tr><td>050307004</td><td>塑树皮梁、柱</td><td rowspan="2">1. 塑树种类
2. 塑竹种类
3. 砂浆配合比
4. 喷字规格、颜色
5. 油漆品种、颜色</td><td rowspan="2">1. m^2
2. m</td><td rowspan="2">1. 以平方米计量，按设计图示尺寸以梁柱外表面积计算
2. 以米计量，按设计图示尺寸以构件长度计算</td><td rowspan="2">1. 灰塑
2. 刷涂颜料</td></tr>
<tr><td>050307005</td><td>塑竹梁、柱</td></tr>
<tr><td>050307006</td><td>铁艺栏杆</td><td>1. 铁艺栏杆高度
2. 铁艺栏杆单位长度重量
3. 防护材料种类</td><td rowspan="2">m</td><td rowspan="2">按设计图示尺寸以长度计算</td><td>1. 铁艺栏杆安装
2. 刷防护材料</td></tr>
<tr><td>050307007</td><td>塑料栏杆</td><td>1. 栏杆高度
2. 塑料种类</td><td>1. 下料
2. 安装
3. 校正</td></tr>
<tr><td>050307008</td><td>钢筋混凝土艺术围栏</td><td>1. 围栏高度
2. 混凝土强度等级
3. 表面涂敷材料种类</td><td>1. m^2
2. m</td><td>1. 以平方米计量，按设计图示尺寸以面积计算
2. 以米计量，按设计图示尺寸以延长米计算</td><td>1. 制作
2. 运输
3. 安装
4. 砂浆制作、运输
5. 接头灌缝、养护</td></tr>
</table>

续表

项目编码	项目名称	项目特征	计量单位	工程量计算规则	工作内容
050307009	标志牌	1. 材料种类、规格 2. 镌字规格、种类 3. 喷字规格、颜色 4. 油漆品种、颜色	个	按设计图示数量计算	1. 选料 2. 标志牌制作 3. 雕凿 4. 镌字、喷字 5. 运输、安装 6. 刷油漆
050307010	景墙	1. 土质类别 2. 垫层材料种类 3. 基础材料种类、规格 4. 墙体材料种类、规格 5. 墙体厚度 6. 砼、砂浆强度等级、配合比 7. 饰面材料种类	1. m^3 2. 段	1. 以立方米计量，按设计图示尺寸以体积计算 2. 以段计量，按设计图示尺寸以数量计算	1. 土（石）方挖运 2. 垫层、基础铺设 3. 墙体砌筑 4. 面层铺贴
050307011	景窗	1. 景窗材料品种、规格 2. 砼强度等级 3. 砂浆强度等级、配合比 4. 涂刷材料品种	m^2	按设计图示尺寸以面积计算	1. 制作 2. 运输 3. 砌筑安放 4. 勾缝 5. 表面涂刷
050307012	花饰	1. 花饰材料品种、规格 2. 砂浆配合比 3. 涂刷材料品种			
050307013	博古架	1. 博古架材料品种、规格 2. 砼强度等级 3. 砂浆配合比 4. 涂刷材料品种	1. m^2 2. m 3. 个	1. 以平方米计量，按设计图示尺寸以面积计算 2. 以米计量，按设计图示尺寸以延长米计算 3. 以个计量，按设计图示尺寸以数量计算	1. 制作 2. 运输 3. 砌筑安放 4. 勾缝 5. 表面涂刷

续表

项目编码	项目名称	项目特征	计量单位	工程量计算规则	工作内容
050307014	花盆（坛、箱）	1. 花盆（坛）的材质及类型 2. 规格尺寸 3. 混凝土强度等级 4. 砂浆配合比	个	按设计图示尺寸以数量计算	1. 制作 2. 运输 3. 安放
050307015	摆花	1. 花盆的材质及类型 2. 花卉品种与规格	1. m^2 2. 个	1. 以平方米计量，按设计图示尺寸以水平投影面积计算 2. 以个计量，按设计图示尺寸以数量计算	1. 搬运 2. 安放 3. 养护 4. 撤收
050307016	花池	1. 土质类别 2. 池壁材料种类、规格 3. 砼、砂浆强度等级、配合比 4. 饰面材料种类	1. m^3 2. m 3. 个	1. 以立方米计量，按设计图示尺寸以体积计算 2. 以米计量，按设计图示尺寸以池壁中心线处延长米计算 3. 以个计量，按设计图示数量计算	1. 垫层铺设 2. 基础砌(浇)筑 3. 墙体砌(浇)筑 4. 面层铺贴
050307017	垃圾箱	1. 垃圾箱材质 2. 规格尺寸 3. 混凝土强度等级 4. 砂浆配合比	个	按设计图示尺寸以数量计算	1. 制作 2. 运输 3. 安放
050307018	砖石砌小摆设	1. 砖种类、规格 2. 石种类、规格 3. 砂浆强度等级、配合比 4. 石表面加工要求 5. 勾缝要求	1. m^3 2. 个	1. 以立方米计量，按设计图示尺寸以体积计算 2. 以个计量，按设计图示尺寸以数量计算	1. 砂浆制作、运输 2. 砌砖、石 3. 抹面、养护 4. 勾缝 5. 石表面加工
050307019	其他景观小摆设	1. 名称及材质 2. 规格尺寸	个	按设计图示尺寸以数量计算	1. 制作 2. 运输 3. 安装
050307020	柔性水池	1. 水池深度 2. 防水（漏）材料品种	m^2	按设计图示尺寸以水平投影面积计算	1. 清理基层 2. 材料裁接 3. 铺设

注：砌筑果皮箱、放置盆景的须弥座等，应按砖石砌小摆设项目编码列项。

C.8 其他相关问题应按下列规定处理

C.8.1 混凝土构件中的钢筋项目应按现行国家标准《房屋建筑与装饰工程工程量计算规范》GB50854中相关项目编码列项。

C.8.2 石浮雕、石镌字应按现行国家标准《仿古建筑工程工程量计算规范》GB50855中相关项目编码列项。

附录D 措施项目

D.1 脚手架工程

脚手架工程工程量清单项目设置、项目特征描述的内容、计量单位、工程量计算规则应按表D.1的规定执行。

表D.1 脚手架工程（编码：050401）

<table>
<tr><th>项目编码</th><th>项目名称</th><th>项目特征</th><th>计量单位</th><th>工程量计算规则</th><th>工作内容</th></tr>
<tr><td>050401001</td><td>砌筑脚手架</td><td>1. 搭设方式
2. 墙体高度</td><td rowspan="2">m^2</td><td>按墙的长度乘墙的高度以面积计算（硬山建筑山墙高算至山尖）。独立砖石柱高度在3.6m以下时，以柱结构周长乘以柱高计算；独立砖石柱高度在3.6m以上时，以柱结构周长加3.6m乘以柱高计算，凡砌筑高度在1.5m及以上的砌体，应计算脚手架</td><td rowspan="7">1. 场内、场外材料搬运
2. 搭、拆脚手架、斜道、上料平台
3. 铺设安全网
4. 拆除脚手架后材料分类堆放</td></tr>
<tr><td>050401002</td><td>抹灰脚手架</td><td>1. 搭设方式
2. 墙体高度</td><td>按抹灰墙面的长度乘高度以面积计算（硬山建筑山墙高算至山尖）。独立砖石柱高度在3.6m以内时，以柱结构周长乘以柱高计算，独立砖石柱高度在3.6m以上时，以柱结构周长加3.6m乘以柱高计算</td></tr>
<tr><td>050401003</td><td>亭脚手架</td><td>1. 搭设方式
2. 檐口高度</td><td>1. 座
2. m^2</td><td>1. 以座计量，按设计图示数量计算
2. 以平方米计量，按建筑面积计算</td></tr>
<tr><td>050401004</td><td>满堂脚手架</td><td>1. 搭设方式
2. 施工面高度</td><td rowspan="3">m^2</td><td>按搭设的地面主墙间尺寸以面积计算</td></tr>
<tr><td>050401005</td><td>堆砌（塑）假山脚手架</td><td>1. 搭设方式
2. 假山高度</td><td>按外围水平投影最大矩形面积计算</td></tr>
<tr><td>050401006</td><td>桥身脚手架</td><td>1. 搭设方式
2. 桥身高度</td><td>按桥基础底面至桥面平均高度乘以河道两侧宽度以面积计算</td></tr>
<tr><td>050401007</td><td>斜道</td><td>斜道高度</td><td>座</td><td>按搭设数量计算</td></tr>
</table>

D.2 模板工程

模板工程工程量清单项目设置、项目特征描述的内容、计量单位、工程量计算规则应按表 D.2的规定执行。

表D.2　　模板工程（编码：050402）

项目编码	项目名称	项目特征	计量单位	工程量计算规则	工作内容
050402001	现浇混凝土垫层	厚度	m^2	按混凝土与模板接触面积计算	1. 制作 2. 安装 3. 拆除 4. 清理 5. 刷隔离剂 6. 材料运输
050402002	现浇混凝土路面				
050402003	现浇混凝土路牙、树池围牙				
050402004	现浇混凝土花架柱	高度			
050402005	现浇混凝土花架梁	1. 梁断面尺寸 2. 梁底高度			
050402006	现浇混凝土花池	池壁断面尺寸			
050402007	现浇混凝土桌凳	1. 桌凳形状 2. 基础尺寸、埋设深度 3. 桌面尺寸、支墩高度 4. 凳面尺寸、支墩高度	1. m^3 2. 个	1. 以立方米计量，按设计图示混凝土体积计算 2. 以个计量，按设计图示数量计算	
050402008	石桥拱券石、石券脸胎架	1. 胎架面高度 2. 矢高、弦长	m^2	按拱券石、石券脸弧形底面展开尺寸以面积计算	

D.3 树木支撑架、草绳绕树干、搭设遮阴(防寒)棚工程

树木支撑架、草绳绕树干、搭设遮阴(防寒)棚工程工程量清单项目设置、项目特征描述的内容、计量单位、工程量计算规则应按表 D.3的规定执行。

表D.3　　树木支撑架、草绳绕树干、搭设遮阴(防寒)棚工程（编码：050403）

项目编码	项目名称	项目特征	计量单位	工程量计算规则	工作内容
050403001	树木支撑架	1. 支撑类型、材质 2. 支撑材料规格 3. 单株支撑材料数量	株	按设计图示数量计算	1. 制作 2. 运输 3. 安装 4. 维护
050403002	草绳绕树干	1. 胸径（干径） 2. 草绳所绕树干高度			1. 搬运 2. 绕杆 3. 余料清理、 4. 养护期后清除

续表

项目编码	项目名称	项目特征	计量单位	工程量计算规则	工作内容
050403003	搭设遮阴(防寒)棚	1. 搭设高度 2. 搭设材料种类、规格	1. m^2 2. 株	1. 以平方米计量，按遮阴(防寒)棚外围覆盖层的展开尺寸以面积计算 2. 以株计量，按设计图示数量计算	1. 制作 2. 运输 3. 搭设、维护 4. 养护期后清除

D.4 围堰、排水工程

围堰、排水工程工程量清单项目设置、项目特征描述的内容、计量单位、工程量计算规则应按表 D.4的规定执行。

表D.4 围堰、排水工程（编码：050404）

项目编码	项目名称	项目特征	计量单位	工程量计算规则	工作内容
050404001	围堰	1. 围堰断面尺寸 2. 围堰长度 3. 围堰材料及灌装袋材料品种、规格	1. m^3 2. m	1. 以立方米计量，按围堰断面面积乘以堤顶中心线长度以体积计算 2. 以米计量，按围堰堤顶中心线长度以延长米计算	1. 取土、装土 2. 堆筑围堰 3. 拆除、清理围堰 4. 材料运输
050404002	排水	1. 种类及管径 2. 数量 3. 排水长度	1. m^3 2. 天 3. 台班	1. 以立方米计量，按需要排水量以体积计算，围堰排水按堰内水面面积乘以平均水深计算 2. 以天计量，按需要排水日历天计算 3. 以台班计算，按水泵排水工作台班计算	1. 安装 2. 使用、维护 3. 拆除水泵 4. 清理

D.5 安全文明施工及其他措施项目

安全文明施工及其他措施项目工程量清单项目设置、项目特征描述的内容、计量单位、工程量计算规则应按表 D.5的规定执行。

表D.5 安全文明施工及其他措施项目（编码：050405）

项目编码	项目名称	工作内容及包含范围
050405001	安全文明施工费	1. 环境保护：现场施工机械设备降低噪声、防扰民措施；水泥、种植土和其他易飞扬细颗粒建筑材料密闭存放或采取覆盖措施等；工程防扬尘洒水；土石方、杂草、种植遗弃物及建渣外运车辆防护措施等；现场污染源的控制、生活垃圾清理外运、场地排水排污措施；其他环境保护措施 2. 文明施工："五牌一图"；现场围挡的墙面美化、压顶装饰；现场厕所便槽刷白、贴面砖，水泥砂浆地面或地砖；其他施工现场临时设施的装饰装修、美化措施；现场生活卫生设施；施工现场操作场地的硬化；现场绿化、治安综合治理；现场配备医药保健器材、物品和急救人员培训；用于现场工人的防暑降温、电风扇、空调等设备及用电；其他文明施工措施 3. 安全施工：安全资料、特殊作业专项方案的编制，安全施工标志的购置及安全宣传；"三宝"（安全帽、安全带、安全网）、"四口"（楼梯口、管井口、通道口、预留洞口）、"五临边"（园桥围边、驳岸围边、跌水围边、槽坑围边、卸料平台两侧），水平防护架、垂直防护架、外架封闭等防护；施工安全用电；起重设备的安全防护措施及卸料平台的临边防护、层间安全门、防护棚等设施；园林工地起重机械的检验检测；施工机具防护棚及其围栏的安全防护设施；施工安全防护通道；工人的安全防护用品、用具购置；电气保护、安全照明设施；其他安全防护措施 4. 临时设施：施工现场采样彩色、定型钢板，砖、混凝土砌块等围挡的安砌、维修、拆除；施工现场临时建筑物、构筑物的搭设、维修、拆除；施工现场临时设施的搭设、维修、拆除，如临时供水管道、临时供电管线等；施工现场规定范围内临时简易道路铺设，临时排水沟、排水设施安砌、维修、拆除；其他临时设施搭设、维修、拆除
050405002	夜间施工	1. 夜间固定照明灯具和临时可移动照明灯具的设置、拆除 2. 夜间施工时施工现场交通标志、安全标牌、警示灯等的设置、移动、拆除 3. 夜间照明设备及照明用电、施工人员夜班补助、夜间施工劳动效率降低等
050405003	非夜间施工照明	为保证工程施工正常进行，在如假山石洞等特殊施工部位施工时所采用的照明设备的安拆、维护及照明用电等
050405004	二次搬运	由于施工场地条件限制而发生的材料、植物、成品、半成品等一次运输不能到达堆放地点，必须进行的二次或多次搬运
050405005	冬雨季施工	1. 冬雨季施工时增加的临时设施的搭设、拆除 2. 冬雨季施工时对植物、砌体、混凝土等采用的特殊加温、保温和养护措施 3. 冬雨季施工时施工现场的防滑处理，对影响施工的雨雪的清除 4. 冬雨季施工时增加的临时设施、施工人员的劳动保护用品、冬雨季施工劳动效率降低等

续表

项目编码	项目名称	工作内容及包含范围
050405006	反季节栽植影响措施	因反季节栽植在增加材料、人工、防护、养护、管理等方面采取的种植措施及保证成活率措施
050405007	临时保护设施	在工程施工工程中，对已建成的地上、地下设施和植物进行的遮盖、封闭、隔离等必要保护措施
050405008	已完工程及设备保护	对已完工程及设备采取的覆盖、包裹、封闭、隔离等必要的保护措施

注：本表所列项目应根据工程实际情况计算措施项目费用，需分摊的应合理计算摊销费用。

附录二　工程量清单计价表格

附录B　工程计价文件封面

B.1 招标工程量清单封面

________________________________工程

招标工程量清单

招　标　人：________________________

（单位盖章）

造价咨询人：________________________

（单位盖章）

年　　月　　日

封-1

B.2　招标控制价封面

____工程

招标控制价

招　标　人：________________________

（单位盖章）

造价咨询人：________________________

（单位盖章）

年　　月　　日

封-2

B.3 投标总价封面

________________________________工程

投 标 总 价

投 标 人：____________________

（单位盖章）

年 月 日

封-3

B.4 竣工结算书封面

______________________________工程

竣工结算书

发 包 人：______________________

（单位盖章）

承 包 人：______________________

（单位盖章）

造价咨询人：______________________

（单位盖章）

年 月 日

封-4

附录C 工程计价文件扉页

C.1 招标工程量清单扉页

________________________________工程

招标工程量清单

招标人：____________________
（单位盖章）

造价咨询人：____________________
（单位资质专用章）

法定代表人
或其授权人：____________________
（签字或盖章）

法定代表人
或其授权人：____________________
（签字或盖章）

编　制　人：____________________
（造价人员签字盖专用章）

复核人：____________________
（造价工程师签字盖专用章）

编制时间：　年　月　日

复核时间：　年　月　日

扉-1

C.2 招标控制价扉页

______________________________工程

招标控制价

招标控制价（小写）：______________________________

（大写）：______________________________

招标人：____________________ 造价咨询人：____________________

（单位盖章） （单位资质专用章）

法定代表人
或其授权人：____________________ 法定代表人
或其授权人：____________________

（签字或盖章） （签字或盖章）

编 制 人：____________________ 复核人：____________________

（造价人员签字盖专用章） （造价工程师签字盖专用章）

编制时间： 年 月 日 复核时间： 年 月 日

扉-2

C.3 投标总价扉页

投 标 总 价

招 标 人：______________________________

工程名称：______________________________

投 标 总 价（小写）：______________________

（大写）：______________________

投 标 人：______________________________

（单位盖章）

法定代表人

或其授权人：______________________________

（签字或盖章）

编 制 人：______________________________

（造价人员签字盖专用章）

时 间： 年 月 日

扉-3

C.4 竣工结算总价扉页

______________________________工程

竣工结算总价

签约合同价（小写）：______________（大写）：______________

竣工结算价（小写）：______________（大写）：______________

发 包 人：__________ 承 包 人：__________ 造 价 咨 询 人：__________

（单位盖章） （单位盖章） （单位资质专用章）

法定代表人 或其授权人：__________ 法定代表人 或其授权人：__________ 法定代表人 或其授权人：__________

（签字或盖章） （签字或盖章） （签字或盖章）

编 制 人：______________ 核对人：______________

（造价人员签字盖专用章） （造价工程师签字盖专用章）

编制时间： 年 月 日 核对时间： 年 月 日

扉-4

附录D 工程计价总说明

总 说 明

工程名称： 第 页共 页

表-01

附录E 工程计价汇总表

E.1 建设项目招标控制价/投标报价汇总表

工程名称：　　　　　　　　　　　　　　　　　　　　　　　　第　页共　页

序号	单项工程名称	金额（元）	其中：（元）		
			暂估价	安全文明施工费	规费
合　计					

注：本表适用于工程项目招标控制价或投标报价的汇总。

表-02

E.2 单项工程招标控制价/投标报价汇总表

工程名称：　　　　　　　　　　　　　　　　　　　　　　　　第　页共　页

序号	单项工程名称	金额（元）	其中：（元）		
			暂估价	安全文明施工费	规费
合　计					

注：本表适用于单项工程招标控制价或投标报价的汇总。

表-03

E.3 单位工程招标控制价/投标报价汇总表

工程名称： 标段： 第 页共 页

序号	汇总内容	金额（元）	其中：暂估价（元）
1	分部分项工程		
1.1			
1.2			
1.3			
2	措施项目		—
2.1	其中：安全文明施工费		—
3	其他项目		—
3.1	其中：暂列金额		—
3.2	其中：专业工程暂估价		—
3.3	其中：计日工		—
3.4	其中：总承包服务费		—
4	规费		—
5	税金		—
招标控制价合计=1+2+3+4+5			

注：本表适用于工程项目招标控制价或投标报价的汇总。

表-04

E.4 建设项目竣工结算汇总表

工程名称： 第 页共 页

序号	单项工程名称	金额（元）	其中：（元）		
			暂估价	安全文明施工费	规费
合　计					

表-05

E.5 单项工程竣工结算汇总表

工程名称：　　　　　　　　　　　　　　　　　　　　第　页共　页

序号	单项工程名称	金额（元）	其中：（元）		
			暂估价	安全文明施工费	规费
合　计					

表-06

E.6 单位工程竣工结算汇总表

工程名称：　　　　　　　　标段：　　　　　　　　第　页共　页

序号	汇总内容	金额（元）
1	分部分项工程	
1.1		
1.2		
1.3		
1.4		
1.5		
2	措施项目	
2.1	其中：安全文明施工费	
3	其他项目	
3.1	其中：专业工程结算价	
3.2	其中：计日工	
3.3	其中：总承包服务费	

续表

序号	汇总内容	金额（元）
3.4	其中：索赔与现场签证	
4	规费	
5	税金	
竣工结算总价合计=1+2+3+4+5		

注：如无单位工程划分，单项工程也使用本表汇总。

表–07

附录F 分部分项工程和措施项目计价表

F.1 分部分项工程和单价措施项目清单与计价表

工程名称：　　　　　　　　　　　　　　　标段：　　　　　　　　　　　　　　第　页共　页

<table>
<tr><th rowspan="2">序号</th><th rowspan="2">项目编码</th><th rowspan="2">项目名称</th><th rowspan="2">项目特征描述</th><th rowspan="2">计量单位</th><th rowspan="2">工程量</th><th colspan="3">金额（元）</th></tr>
<tr><th>综合单价</th><th>合 价</th><th>其中：暂估价</th></tr>
<tr><td></td><td></td><td></td><td></td><td></td><td></td><td></td><td></td><td></td></tr>
<tr><td></td><td></td><td></td><td></td><td></td><td></td><td></td><td></td><td></td></tr>
<tr><td></td><td></td><td></td><td></td><td></td><td></td><td></td><td></td><td></td></tr>
<tr><td colspan="7">本页小计</td><td></td><td></td></tr>
<tr><td colspan="7">合　计</td><td></td><td></td></tr>
</table>

表-08

F.2 综合单价分析表

工程名称：　　　　　　　　　　　　　　　标段：　　　　　　　　　　　　　　第　页共　页

<table>
<tr><th colspan="2">项目编码</th><td></td><th colspan="2">项目名称</th><td></td><th colspan="2">计量单位</th><td></td><th colspan="2">工程量</th><td></td></tr>
<tr><td colspan="12">清单综合单价组成明细</td></tr>
<tr><td rowspan="2">定额编号</td><td rowspan="2">定额项目名称</td><td rowspan="2">定额单位</td><td rowspan="2">数量</td><td colspan="4">单价</td><td colspan="4">合价</td></tr>
<tr><td>人工费</td><td>材料费</td><td>机械费</td><td>管理费和利润</td><td>人工费</td><td>材料费</td><td>机械费</td><td>管理费和利润</td></tr>
<tr><td></td><td></td><td></td><td></td><td></td><td></td><td></td><td></td><td></td><td></td><td></td><td></td></tr>
<tr><td></td><td></td><td></td><td></td><td></td><td></td><td></td><td></td><td></td><td></td><td></td><td></td></tr>
<tr><td colspan="2">人工单价</td><td colspan="6">小　计</td><td></td><td></td><td></td><td></td></tr>
<tr><td colspan="2">元/工日</td><td colspan="6">未计价材料费</td><td colspan="4"></td></tr>
<tr><td colspan="8">清单项目综合单价</td><td colspan="4"></td></tr>
<tr><td rowspan="5">材料费明细</td><td colspan="5">主要材料名称、规格、型号</td><td>单位</td><td>数量</td><td>单价（元）</td><td>合价（元）</td><td>暂估单价（元）</td><td>暂估合价（元）</td></tr>
<tr><td colspan="5"></td><td></td><td></td><td></td><td></td><td></td><td></td></tr>
<tr><td colspan="5"></td><td></td><td></td><td></td><td></td><td></td><td></td></tr>
<tr><td colspan="7">其他材料费</td><td>—</td><td></td><td>—</td><td></td></tr>
<tr><td colspan="7">材料费小计</td><td>—</td><td></td><td>—</td><td></td></tr>
</table>

注：1. 如不使用省级或行业建设主管部门发布的计价依据，可不填定额编号、名称等。

2. 招标文件提供了暂估单价的材料，按暂估价的单价填入表内“暂估单价”栏及“暂估合价”栏。

表-09

F.3 总价措施项目清单与计价表

工程名称：　　　　　　　　　　　　　　标段：　　　　　　　　　　　　　　第　页共　页

序号	项目编码	项目名称	计算基础	费率（%）	金额（元）	调整费率（%）	调整后金额（元）	备注
		安全文明施工费						
		夜间施工增加费						
		冬雨季施工						
		已完工程及设备保护费						
合　计								

编制人（造价人员）：　　　　　　　　复核人（造价工程师）：

注：1. “计算基础”中安全文明施工费可为“定额基价”、“定额人工费”。

2. 按施工方案计算的措施费，若无“计算基础”和“费率”的数值，也可只填“金额”数值，但应在备注栏说明施工方案或计算方法。

表-11

附录G 其他项目计价表

G.1 其他项目清单与计价汇总表

工程名称： 标段： 第 页 共 页

序号	项目名称	金额（元）	结算金额（元）	备注
1	暂列金额			
2	暂估价			
2.1	材料（工程设备）暂估价			
2.2	专业工程暂估价			
3	计日工			
4	总承包服务费			
5	索赔与现场签证			
合　计				

注：材料（工程设备）暂估单价进入清单项目综合单价，此处不汇总。

表-12

附录H 规费、税金项目清单与计价表

工程名称： 标段： 第 页共 页

序号	项目名称	计算基础	计算基数	计算费率（%）	金额（元）
1	规费	定额人工费			
1.1	社会保险费	定额人工费			
1.2	住房公积金	定额人工费			
1.3	工程排污费	定额人工费			
2	税金	分部分项工程费＋措施项目费＋其他项目费＋规费－按规定不计税的工程设备金额			

编制人（造价人员）： 复核人（造价工程师）：

表-13

附录K 合同价款支付申请（核准）表

K.3 工程款支付申请（核准）表

工程名称：　　　　　　　　　　　　标段：　　　　　　　　　　　　编号：

致：________________________________（发包人全称）

我方于____至____期间已完成了________工作，根据施工合同的约定，现申请支付本期的工程款额为（大写）____________（小写________），请予核准。

序号	名　　称	实际金额（元）	申请金额（元）	复核金额（元）	备注
1	累计已完成的合同价款		—		
2	累计已实际支付的合同价款		—		
3	本周期合计完成的合同价款				
4	本周期合计应扣减的金额				
5	本周期应支付的合同价款				

附：上述3、4见附件清单

承包人（章）

造价人员____________　　承包人代表__________　　日　期________

复核意见：	复核意见：
□与实际施工情况不相符，修改意见见附件： □与实际施工情况相符，具体金额由造价工程师复核。 监理工程师_____ 日　　期_____	你方提出的支付申请经复核，本周期已完成工程款额为（大写）________（小写_______），本周期应支付金额为（大写）_____（小写_____）。 造价工程师_______ 日　　期_______

审核意见：

□不同意

□同意，支付时间为本表签发后的15天内。

发包人（章）

发包人代表_________

日　　期_________

注：1. 在选择栏中的“□”内作标识“√”。

2. 本表一式四份，由承包人填报，发包人、监理人、造价咨询人、承包人各存一份。

表–17

附录三　建筑工程建筑面积计算规范

《建筑工程建筑面积计算规范》GB/T50353-2005，自2005年7月1日起实施。

本规范由建设部标准定额研究所组织中国计划出版社出版发行。

中华人民共和国建设部

二〇〇五年四月十五日

1．总则

1.0.1 为规范工业与民用建筑工程的面积计算，统一计算方法，制定本规范。

1.0.2 本规范适用于新建、扩建、改建的工业与民用建筑工程的面积计算。

1.0.3 建筑面积计算应遵循科学、合理的原则。

1.0.4 建筑面积计算除应遵循本规范，尚应符合国家现行的有关标准规范的规定。

2．术语

2.0.1 层高storyheight

上下两层楼面或楼面与地面之间的垂直距离。

2.0.2 自然层floor

按楼板、地板结构分层的楼层。

2.0.3 架空层emptyspace

建筑物深基础或坡地建筑吊脚架空部位不回填土石方形成的建筑空间。

2.0.4走廊corridorgo11ory

建筑物的水平交通空间。

2.0.5 挑廊overhangingcorridor

挑出建筑物外墙的水平交通空间。

2.0.6 檐廊eavesgo11ory

设置在建筑物底层出檐下的水平交通空间。

2.0.7 回廊cloister

在建筑物门厅、大厅内设置在二层或二层以上的回形走廊。

2.0.8 门斗foyer

在建筑物出入口设置的起分隔、挡风、御寒等作用的建筑过渡空间。

2.0.9 建筑物通道passage

为道路穿过建筑物而设置的建筑空间。

2.0.10 架空走廊bridgeway

建筑物与建筑物之间，在二层或二层以上专门为水平交通设置的走廊。

2.0.11 勒脚plinth

建筑物的外墙与室外地面或散水按触部位墙体的加厚部分。

2.0.12 围护结构envelopenclosure

围合建筑空间四周的墙体、门、窗等。

2.0.13 围护性幕墙enclosingcurtainwall

直接作为外墙起围护作用的幕墙。

2.0.14 装饰性幕墙decorativefacedcurtainwall

设置在建筑物墙体外起装饰作用的幕墙。

2.0.15 落地橱窗Frenchwindow

突出外墙面根基落地的橱窗。

2.0.16 阳台balcony

供使用者进行活动和晾硒衣物的建筑空间。

2.0.17 眺望间viewroom

设置在建筑物顶层或挑出房间的供人们远眺或观察周围情况的建筑空间。

2.0.18 雨篷canopy

设置在建筑物进出口上部的遮雨、遮阳篷。

2.0.19 地下室basement

房间地平面低于室外地平面的高度超过该房间净高的1/2者为地下室。

2.0.20 半地下室semibasement

房间地平面低于室外地平面的高度超过该房间净高的1/3，且不超过1/2者为半地下室。

2.0.21 变形缝defornationjoint

伸缩缝（温度缝）、沉降缝和抗震缝的总称。

2.0.22 永久性顶盖permanentcap

经规划批准设计的永久使用的顶盖。

2.0.23 飘窗baywindow

为房间采光和美化造型而设置的突出外墙的窗。

2.0.24 骑楼overhang

楼层部分跨在人行道上的临街楼房。

2.0.25 过街楼arcade

有道路穿过建筑空间的楼房。

3．计算建筑面积的规定

3.0.1单层建筑物的建筑面积，应按其外墙勒脚以上结构外围水平面积计算，并应符合下列规定：

1 单层建筑物高度在2.20m及以上者应计算全面积；高度不足2.20m者应计算1/2面积。

2 利用坡屋顶内空间时净高超过2.10m的部位应计算全面积：净高在1.20m至2.10m的部位应计算1/2面积；净高不足1.20m的部位不应计算面积。

3.0.2 单层建筑物内设有局部楼层者，局部楼层的二层及以上楼层，有围护结构的应按其围护结构外围水平面积计算，无围护结构的应按其结构底板水平面积计算。层高在2.20m及以上者应计算全面积；层高不足2.20m者应计算1/2面积。

3.0.3 多层建筑物首层应按其外墙勒脚以上结构外围水平面积计算；二层及以上楼层应按其外墙结构外围水平面积计算。层高在2.20m及以上者应计算全面积；层高不足2.20m者应计算1/2面积。

3.0.4 多层建筑坡屋顶内和场馆看台下，当设计加以利用时净高超过2.10m的部位应计算全面积；净高在1.20m至2.10m的部位应计算1/2面积；当设计不利用或室内净高不足1.20m时不应计算面积。

3.0.5 地下室、半地下室（车间、商店、车站、车库、仓库等），包括相应的有永久性顶盖的出入口，应按其外墙上口（不包括采光井、外墙防潮层及其保护墙）外边线所围水平面积计算。层高在2.20m及以上者应计算全面积；层高不足2.20m者应计算1/2面积。

3.0.6 坡地的建筑物吊脚架空层、探基础架空层，设计加以利用并有围护结构的，层高在2.20m及以上的部位应计算全面积；层高不足2.20m的部位应计算1/2面积。设计加以利用、无围护结构的建筑吊脚架空层，应按其利用部位水平面积的1/2计算；设计不利用的深基础架空层、坡地吊脚架空层、多层建筑坡屋顶内、场馆看台下的空间不应计算面积。

3.0.7 建筑物的门厅、大厅按一层计算建筑面积。门厅、大厅内设有回廊时，应按其结构底板水平面积计算。层高在2.20m及以上者应计算全面积；层高不足2.20m者应计算1/2面积。

3.0.8 建筑物间有围护结构的架空走廊，应按其围护结构外围水平面积计算。层高在2.20m及以上者应计算全面积；层高不足2.20m者应计算1/2面积。有永久性顶盖无围护结构的应按其结构底板水平面积的1/2计算。

3.0.9 立体书库、立体仓库、立体车库，无结构层的应按一层计算，有结构层的应按其结构层面积分别计算。层高在2.20m及以上者应计算全面积；层高不足2.20m者应计算1/2面积。

3.0.10 有围护结构的舞台灯光控制室，应按其围护结构外围水平面积计算。层高在2.20m及以上者应计算全面积；层高不足2.20m者应计算1/2面积。

3.0.11 建筑物外有围护结构的落地橱窗、门斗、挑廊、走廊、檐廊，应按其围护结构外围水平面积计算。层高在2.20m及以上者应计算全面积；层高不足2.20m者应计算1/2面积。有永久性顶盖无围护结构的应按其结构底板水平面积的1/2计算。

3.0.12 有永久性顶盖无围护结构的场馆看台应按其顶盖水平投影面积的1/2计算。

3.0.13 建筑物顶部有围护结构的楼梯间、水箱间、电梯机房等，层高在2.20m及以上者应计算全面积；层高不足2.20m者应计算1/2面积。

3.0.14 设有围护结构不垂直于水平面而超出底板外沿的建筑物，应按其底板面的外围水平面积计算。层高在2.20m及以上者应计算全面积；层高不足2.20m者应计算1/2面积。

3.0.15 建筑物内的室内楼梯间、电梯井、观光电梯井、提物井、管道井、通风排气竖井、垃圾道、附墙烟囱应按建筑物的自然层计算。

3.0.16 雨篷结构的外边线至外墙结构外边线的宽度超过2.10m者，应按雨篷结构板的水平投影面积的1/2计算。

3.0.17 有永久性顶盖的室外楼梯，应按建筑物自然层的水平投影面积的1/2计算。

3.0.18 建筑物的阳台均应按其水平投影面积的1/2计算。

3.0.19 有永久性顶盖无围护结构的车棚、货棚、站台、加油站、收费站等，应按其顶盖水平投影面积的1/2计算。

3.0.20 高低联跨的建筑物，应以高跨结构外边线为界分别计算建筑面积；其高低跨内部连通时，其变形缝应计算在低跨面积内。

3.0.21 以幕墙作为围护结构的建筑物，应按幕墙外边线计算建筑面积。

3.0.22 建筑物外墙外侧有保温隔热层的，应按保温隔热层外边线计算建筑面积。

3.0.23 建筑物内的变形缝，应按其自然层合并在建筑物面积内计算。

3.0.24 下列项目不应计算面积：

1 建筑物通道（骑楼、过街楼的底层）。

2 建筑物内的设备管道夹层。

3 建筑物内分隔的单层房间，舞台及后台悬挂幕布、布景的天桥、挑台等。

4 屋顶水箱、花架、凉棚、露台、露天游泳池。

5 建筑物内的操作平台、上料平台、安装箱和罐体的平台。

6 勒脚、附墙柱、垛、台阶、墙面抹灰、装饰面、镶贴块料面层、装饰性幕墙、空调机外机搁板（箱）、飘窗、构件、配件、宽度在2.10m及以内的雨篷以及与建筑物内不相连通的装饰性阳台、挑廊。

7 无永久性顶盖的架空走廊、室外楼梯和用于检修、消防等的室外钢楼梯、爬梯。

8 自动扶梯、自动人行道。

9 独立烟囱、烟道、地沟、油（水）罐、气柜、水塔、贮油（水）池、贮仓、栈桥、地下人防通道、地铁隧道。

参考文献

[1] 中华人民共和国住房和城乡建设部. 建设工程工程量清单计价规范. 北京：中国计划出版社，2013.

[2] 中华人民共和国住房和城乡建设部. 园林绿化工程工程量计算规范. 北京：中国计划出版社，2013.

[3] 中华人民共和国住房和城乡建设部. 房屋建筑与装饰工程工程量计算规范. 北京：中国计划出版社，2013.

[4] 何辉，吴瑛. 园林工程计价与招投标. 北京：中国建筑工业出版社，2009.

[5] 张国栋. 一图一算之园林绿化工程造价. 北京：机械工业出版社，2011.

[6] 郭华良. 建设工程工程量清单活学活用300例——园林绿化工程. 南京：江苏人民出版社，2011.

[7] 河南省建筑工程标准定额站. 河南省建设工程工程量清单综合单价——园林绿化工程. 北京：中国计划出版社，2008.